TEACHER
GAO
COMMENTED
ON
THE
PROJECT
SITUATION

高屹 编著

高老师点评项目情境

U0662303

中国电力出版社
CHINA ELECTRIC POWER PRESS

内容提要

本书以真实项目活动中有代表性的项目情境为例，运用项目管理理论的相关工具、方法、思路，对情境问题进行分析，并给出相应的解决方案，为项目管理从业者提供清晰、生动的参考与借鉴。全书共52个主题，按"情境再现""情境分析""情境回顾"的结构展开，每个主题的篇幅控制在3000字左右，便于读者阅读。

图书在版编目（CIP）数据

高老师点评项目情境 / 高屹编著. — 北京：中国电力出版社，2022.2
ISBN 978-7-5198-6455-2

Ⅰ.①高… Ⅱ.①高… Ⅲ.①项目管理 – 通俗读物 Ⅳ.①F224.5-49

中国版本图书馆CIP数据核字（2022）第014048号

出版发行：中国电力出版社
地　　址：北京市东城区北京站西街 19 号（邮政编码 100005）
网　　址：http://www.cepp.sgcc.com.cn
责任编辑：李　静（1103194425@qq.com）
责任校对：黄　蓓　马　宁
装帧设计：九五互通　宝蕾元
责任印制：钱兴根

印　刷：北京天宇星印刷厂
版　次：2022 年 2 月第一版
印　次：2022 年 2 月北京第一次印刷
开　本：710 毫米 ×1000 毫米　16 开本
印　张：16.25
字　数：260 千字
定　价：68.00 元

看到书的名字，可能很多人首先想到的一个问题就是：不是项目案例吗？"情境"和"案例"有什么区别吗？真的有区别！项目案例往往过程完整、详细，要包括一个项目从评估立项到最终收尾结束的全部过程，所以案例确实是学习项目管理理论知识的得力工具。但是这就如同欣赏一段完整的舞蹈，看别人跳得行云流水、仪态万千，轮到自己己了，却往往顾此失彼、不得要领。出现这种情况的主要原因之一，就是源自项目活动自身的独特性：任何两个项目都不可能完全相同！既然项目彼此之间一定存在差异，也就不可能有所谓的"完美的""整体的"解决方案。而学习过项目管理知识体系的朋友们一定知道，尽管项目存在独特性，但是从相对微观、局部的角度看，项目之间的相同性和相似性也广泛存在。

如果说项目的案例是一部完整的故事片，项目的情境就是构成这部故事片的一个个分镜头，正是这些彼此相同、相似的分镜头经过不同的剪辑、组合，才构成了一部部主题各异、过程不同的影片。对于各位项目经理，熟练掌握应对各种项目情境的方法、原则，是增强自身项目管理能力、提高项目成功率的重要且有效的途径和手段。

书中所涉及的所有情境问题都是真实发生过的，有些是我的亲身经历，更多的来自我各个行业、领域的学员、朋友，在此对提供这些宝贵素材的朋友们表示衷心感谢！

有效学习的方法之一就是抓住共性，掌握原则，这样就能做到提纲挈领，触类旁通。希望书中这些真实的项目情境能给您的具体工作提供一点点提示和借鉴。书中有说得不到位或者您觉得不合适的地方，也恳请各位读者给予批评和指正。

目录

领导参与，权力是把"双刃剑"

C公司的主营业务是开发定制企业办公数据系统。为了在竞争激烈的市场中得以生存和发展，公司领导层决定，从去年开始在所有项目中推行规范的项目管理，以期用尽可能短的项目周期赢得更高的客户满意度。在将近一年的实践中，项目管理的各种流程、工具确实发挥了不错的效果，这让高层非常满意。

最近，C公司得到了一家集团公司内部办公系统手机客户端软件的开发项目订单。这家企业规模庞大，在多个行业、领域都有涉足，业务领域遍布多个国家和地区。当前项目的成果属于试点产品，如果能得到客户的认可，后续将会有更大规模的应用，这对C公司而言意义非常重大。鉴于该项目可能给公司带来的远期收益，公司管理层高度重视，CEO专门指定市场总监朱总任项目经理、沈健为该项目的执行项目经理。沈健是C公司经验丰富的研发项目经理，做过不少成功的项目，还是公司第一批获得PMP证书的成员之一。

能参与公司的重大项目，并承担重要的管理职责，说明领导对自己能力的认可，再加上有高层领导的亲自参与，沈健觉得这个项目应该会更加顺利一些。可没想到项目启动不久，问题就暴露出来了。

主要问题都集中在了朱总身上。作为公司高管的市场总监，工作责任自然格外重大，出差更是家常便饭。结果，每周的项目例会朱总多数都不能出席，很多需要决策的问题得不到及时的确定。可是，更让沈健头疼的是，只要朱总参加的会，他总是按照自己的想法去干扰项目计划的内容，甚至根本就不考虑产品人员的设计思路和开发资源的承受能力。更要命的是，也许是高管做久了，朱总的思维总是非常宏观，甚至完全脱离了计划的内容，突然提出新的要求！

也不能说领导带来的都是问题，正是因为有了朱总的牵头，在沈健参与过的项目里这是第一次没有为资源发愁，可总被领导自己的想法牵着鼻子走，眼看团队里的抱怨也越来越多，这让沈健觉得很为难。

【情境分析】

对项目经理来说，领导，特别是高层领导，直接参与到具体的项目工作，有时候真的是一把"双刃剑"。因为他们给项目带来的好处和问题，往往都非常明显。如何把握和处理好高层领导对项目活动的影响，是项目经理必须解决的一个重要问题。

高层领导参与项目的最大价值就是有利于获取资源。理论上，每个组织的可用资源都是有限的，很难做到对所有项目充分的满足。决定资源分配的因素很多，包括项目本身的资源需求、项目的优先级、紧迫性、复杂程度等，但是通常最直接、最有效的就是高层领导的重视与参与程度。试想，那些有高管参与，甚至亲自挂帅的 "一把手"项目，组织里上上下下哪个部门敢不支持、不配合呢？有了相对更充足的资源，实现项目目标的概率也就大大提升了。

对于项目经理而言，如果要承担那些工期紧张、难度大、风险高、意义重大的项目，不论你的能力有多强，经验有多丰富，千万不要忘了一定把高层领导拉过来：您是项目负责人，我做您的执行项目经理！有了领导这杆"大旗"，项目资源就能得到更好的保证，"急难险重"的项目工作才能得到顺利的实施。

但是，高层领导过多地参与项目活动，确实又容易给项目经理正常开展工作造成不利的影响。高层领导特殊的身份就已经决定了他们不可能成为真正的"项目经理"：那种全身心投入项目工作的第一责任人。他们对项目状况的了解和把握一定是以看总结、听汇报为主。不能准确掌握项目工作的即时状态，面对具体问题，就难以做出正确的选择和判断。另外，高管的身份显然也难以做到和团队打成一片，反而会给内部沟通造成障碍。更重要的是，他们所拥有的权力，又会有意无意地让自己的任何观点、意见变成"要求""指示"，这显然会干扰，甚至是破坏项目管理计划的正常执行。

我们以上面情境中沈健遇到的问题为例，来分析一下应该如何正确处理那些由于高层领导介入项目，可能给项目经理带来的困扰。

困扰之一：高层领导缺席例会，影响问题的及时决策。高层领导有自己特定的工作内容，即使所谓"牵头""负责"某个项目，实际上也只能是挂名，真正具体的项目工作一定是项目经理在完成。所以他们缺席相关会议本身就是一种常态，项目经理必须，也只能接受！为了尽可能减少因为缺席会议而影响领导及时、准确地掌握项目状态和问题，项目经理要在沟通上多下功夫。比如提前邀请，主动告知高层领导会议的具体时间、内容安排，如果对方无法现场参加，可以采用各种虚拟方式，使用类似社交软件的工具远程参与。确实不方便参会的，项目经理一定要及时将会议纪要以事先约定好的方式，第一时间发送出去，确保高层领导掌握准确的信息。

关于问题不能得到决策，最好的办法就是让项目经理获得相应充分的授权。除非重大情况需要高层领导亲自拍板外，项目中的具体事项由被授权的项目经理代为决策。如果不管大事小情，全都要经过请示、汇报，由领导做出决策，不但影响工作的效率，也会让领导陷入烦琐的具体事务性活动中，不利于工作的正常、及时开展。

困扰之二：高层领导提出自己的想法，干扰正常项目工作。高层领导在项目过程中提出自己的想法、需求也是再正常不过的事情。不过，因为他们特有的身份，很容易让自己的"想法"变成，或者被理解为"命令""要求"，甚至与正常的项目计划发生冲突，干扰工作的正常执行。在这个问题上，项目经理首先要认识到高层领导作为重要的项目干系人的特点：他们既有很高的权力，同时又在项目中有重大的利益影响。因此，项目经理和团队在获取需求、编制计划的时候，一定不能忽略了高层领导这个特殊的干系人。只有优先充分考虑了他们的具体需要和期望，并且在项目工作中尽可能地让这些需要和期望得到优先满足，项目工作才能持续地得到高层领导的认可与支持。

项目管理计划是项目经理和团队编制并整合完成的，但是要想让项目管理计划成为指导项目工作的基准和依据，前提是必须得到高层领导的批准。很多项目的计划都不是一次完成的，需要随着工作的推进，不断补充、完善、更新，即所谓的"渐进明细""滚动式规划"。在这个渐进、滚动的过程中，高层领导的意见是不可或缺的、决定性的。与其让领导在会上提出与计划相左的要求、意见，不如在编制计划的时候，就及时与他们沟通，让他们主动表达出自己的想法，并将这些想法合理地纳入计划，即让"我们团队的计划"变成"我们团队和领导共同的计划"。这样做，所谓领导干扰工作的困扰在一定程度上就能得到化解。

困扰之三：高层领导思维过于宏观，甚至脱离了计划，突然提出新的要求。高层领导所处的位置决定了他们的思维方式和看问题的角度，有时候思维过于宏观也算情有可原。但是如果他们仅从自己的角度出发，甚至拍拍脑袋就抛开既有的计划，给团队提出新的要求，作为项目经理而言，就不能听之任之，一味迁就了。这涉及一个严肃的问题：变更。

变更是每个项目经理和团队都躲不开的一个问题，一旦被变更牵着鼻子走，项目工作就很难达到目标了。既然不能杜绝变更，最好的办法就是让变更受控：经过全面的分析评估，那些严重影响项目工作、危及目标实现的变更请求，不论是谁提出的，包括高层领导在内的项目团队都应该有权拒绝！有经验的项目经理通常在事前就与高层领导就项目中的变更管理原则和规范达成共识，通过双方一致认可的流程制度来约束所有干系人的行为。用法治代替人治，是解决高层领导任性、拍脑袋的最有效手段。

高层领导介入项目工作，对项目经理而言确实是一把双刃剑，只要使用得当，就能让领导这种"特殊资源"在项目中发挥出最大的价值，帮助项目工作无往不利。

【情境回顾】

1. 对于"急难险重"的项目，必须要把高层领导拉入团队，以确保资源得到保证。

2. 项目过程中与介入项目的高层领导保持密切沟通，项目经理也需要获得必要授权。

3. 要充分考虑高层领导的需要与期望，并体现在正式的项目管理计划中。

4. 通过采用规范的变更流程、制度，来应对高层领导提出的变更要求。

强势外行，积极主动是关键

秦锋是一家软件企业的项目经理。年初，他承担了"半个"定制开发项目。为什么是"半个"呢？原来在秦锋接手前，这个项目已经执行了大半年，是由他们的竞争对手公司做的。因为甲方不满意，合同被终止了。经过重新招标，秦锋所在的公司被选定继续完成剩余的工作。

这个项目的甲方是一家新能源行业内数一数二的龙头企业，也是秦锋所在公司的重要客户之一。能从主要竞争对手那里把这个项目抢回来，而且是在客户对竞争对手失望的情况下抢回来的，这让公司领导非常高兴！"这是咱们打击对手最好的机会，有什么需要随时提出，务必要把这'半个'项目做好！"能得到领导的信任，这让秦锋很兴奋：凭自己的能力，特别是能得到来自高层的支持，这个项目一定能让客户满意！

但随着项目工作的启动，秦锋很快就体会到了问题的复杂。首先，甲方因为自己在行业内的绝对优势地位，表现得非常强势，总是一副说一不二的样子。虽然甲方态度强势，但是团队的技术能力比较差，包括问题的基本描述都很不准确，需要反反复复地询问细节，简直像挤牙膏一样！可能甲方也知道自己的短板，所以他们的解决办法就是要求乙方全程驻场开发，提供完全保姆式的服务！

但问题是，公司的主力开发人员都在上海总部，大量问题的解决都要依靠他们。如果按客户要求将开发团队调到现场，也就意味着十几个人要集中出差几个月的时间！由此带来的人力资源成本是公司无法接受的，高层领导也不会同意。

另外，客户方的项目管理也是一塌糊涂，连个里程碑计划也没有，提了好几次也拿不出来，只是一味地催促项目工作尽快、尽快！再有，这个项目的成果是甲方用于自己海外项目中某客户的，而对方又很较真，经常会提出新的需求。对此，甲方态度就是完全不过滤，直接转达！这让秦锋的团队感觉非常被动！

由于项目前期已经发生了延误，秦锋接手后还需要梳理、消化具体项目工作，这又占用了一些时间，但甲方指定的最终交付日期并没有太大调整。在这种甲方强势、技术弱、管理差，工期还紧张的情况下，项目应该怎么做呢？

【情境分析】

项目经理最不愿意做的项目恐怕就是"半路接手"！即便是从自己同事手里接过来的项目，也少不了要消耗大量的时间、精力去了解前期工作的状况、问题。如果是接着完成其他组织、单位已经在执行中的项目，交接将变得更加困难，一旦出现偏差，后面的工作压力也会变得更大。

上面情境中的项目经理就遇到了这种难题。从描述中可以看出，这个项目的情况还是挺复杂的：中途接手项目；强势客户；对之前的乙方不满意；自身技术能力很弱；要求高（还要满足自己的客户）；工期紧张。接下来，我们就针对这些问题，逐一分析，看看项目经理应该怎么办。

首先，客户强势。随着市场竞争在各个行业、领域的加剧，客户正在变得越来越强势。甲乙双方一旦在合作的过程中缺少了"对等"，项目工作一定会变得更加艰难。作为乙方的项目经理，既然改变不了环境，就积极改变自己吧！

很多人在面对强势客户的时候，首先想到的是如何千方百计地屈从于对方。但事实证明，那种百依百顺的迎合，效果却并不能尽如人意。对于项目经理来说，赢得客户认可的更加积极主动的办法，是在了解对方真实需要的基础上，让自己的工作变得规范起来。引用一句曾经很火的流行语："练好内功。"通过专

📝【情境回顾】

1. 针对强势客户，一味迎合不是好办法，应该主动"练好内功"，靠专业和规范赢得信任。

2. 客户技术欠缺，项目经理和团队要积极主动发挥自身技术优势，做客户的顾问、帮手，从技术层面主动引导客户，而不是被外行牵着鼻子走。

3. 满足强势客户的需求，离不开高层领导的资源与政策支持。

牢骚抱怨，区别对待讲原则

何勇被提拔为项目经理了。他原是L公司系统交付部的一名员工，已经干了快6年了。L公司规模中等，属于比较传统的制造型企业，在行业内处于中游水平。随着产业升级转型，公司的项目越来越多，复杂性也大大增加了。原来那种按部就班的订单式生产被更加灵活、个性化的客户需求所取代，不但技术难度提高了，完成一个项目所涉及的部门、协作单位也大大增加。

何勇一入职，就被安排在系统交付部，负责公司设备的安装、调试工作。随着工作经验的不断丰富，他从一名初级工程师逐步成长为一名业务熟练的技术能手。鉴于他出色的工作表现，前不久，何勇被调入项目管理部，成为一名正式的专职项目经理，负责公司项目的交付、实施任务。何勇天性积极、热情，即使面对工作压力也从没打过退堂鼓。头几个项目规模和复杂程度都不太大，他凭借自己多年积累的现场经验，带领团队完成得还比较顺利。有了成功的经验，何勇的底气更足了。

前不久，何勇又承接了一个价值900多万元的项目，这对L公司来说也算是比较大的订单了。团队成员一共22人，涉及4个部门还有两家外协单位。让何勇最头疼的不是技术的复杂性，而是团队里那个一天到晚抱怨不断的人！其实他在完成自己的工作过程中也挺努力的，同事关系也都还不错，但是最让何勇受不了的一个毛病就是爱抱怨：不管什么时候，跟他说话三句不到，对方的牢骚就来了！在他眼里面似乎就没有能够让他觉得满意的事，没有让他觉得满意的人！与他聊天真是一件痛苦的事，各种莫名其妙的抱怨让别人也觉得情绪低落，甚至好半天都缓不过来！

技术方面出现了问题都不怕，总能有解决的方案、办法，可是遇到这么一位到处"泼脏水"的人，应该怎么办呢？何勇一时没了主意……

【情境分析】

抱怨是对不满情绪的一种表达、一种发泄。每个人都会抱怨，每个人都会发牢骚，我们都听到过，也都向别人表达过自己的不满。无论是工作中的还是生活中的，无论是对人还是对事，小到个人，大到国家、世界，我们可能都有自己独特的观点，都会有一些对事、对人不满意的想法，这些都是正常的。但是如果无原则地发牢骚，见什么都抱怨，看什么都不顺眼，超出了正常的"度"，这种抱怨就变成了不良情绪的重要发源地！

项目经理一定要留意那种喜欢无原则抱怨的团队成员，因为抱怨和牢骚有一个特点，就是它有非常强的蔓延性。一个人抱怨，他（她）的这种不良情绪很容易感染到别人。而且生气、牢骚、抱怨非常容易引起他人的共鸣，很可能会对项目团队的整体氛围造成严重的破坏。所以项目经理要特别有意识地控制这种负能量的蔓延。

针对无原则的抱怨，最有效的办法就是用规则、制度说话。没有规矩不成方圆，要想在彼此协作、配合的环境中实现复杂的目标，项目团队必须是一个有序的组织。为了做到规则面前人人平等，最好的办法就是项目经理和团队共同制定相关的流程、制度。得到所有人的认可，也就意味着所有人都要遵守，这在一定程度上能够有效地消除那些无原则的抱怨产生的环境。

当然，对于团队成员的牢骚、抱怨也不能一概而论，项目经理不允许团队中有抱怨的声音显然是不合理，也是做不到的。针对不同类型的抱怨，要区别对待，采取不同的办法。比如，团队成员对自己的薪酬不满，嫌自己挣钱少！听到这样的抱怨，项目经理最恰当的回应是什么呢？及时打断！

为什么项目经理要在第一时间把这种抱怨打断呢？因为作为一名项目经理，在自己的权限内，是无法有效解决这个问题的。别说调级加薪，项目经理有时候可能连项目奖励的分配都难以做主！任何一家企业，员工的收入状况都是根据公司薪酬制度的相关条款决定的，包括特定的岗位、员工的工作年限、绩效考核成绩及一些其他相关因素等。对于项目经理而言，员工的薪酬状况自己是没有权力改变的。

这种针对薪酬的抱怨，通常只是表明抱怨者自己的负面情绪需要发泄一下。但是，对薪酬的不满可能也是大多数人共有的一种体验，所以这种抱怨很容易在更多的人群中蔓延、传递。因此，及时制止可能是项目经理能采取的最好做法："行了行了，咱们不聊这个了，换个话题行吗？这个话题太沉重了！虽然你对自己的薪酬有意见，但是我确实没有能力解决。"

仅仅把这种抱怨打断、终止还是不够的，那么项目经理还可以做什么呢？可以给抱怨者解释一下公司的政策制度。特别是工作时间不长的新员工，确实可能对相关政策、制度了解得不透彻，如果能从项目经理这里得到明确的解释，倒也不失为一种解决问题的有效方法。如果抱怨者是老员工的话，这种对公司制度的解释都是多余的，他的抱怨只是一种简单的情绪的发泄罢了。对这样的抱怨，项目经理自己没有能力做出改变，就要及时终止，不要让这种负面情绪影响了团队中的其他人。

团队中还有另一种比较常见的抱怨：对某件具体的事或某个特定的状态的不满。比如，团队成员对项目经理抱怨办公环境太混乱了："这么小个办公室，东西摆得到处都是，连个放脚的地方都没有了！"听到了类似这样的抱怨，项目经理也要第一时间打断吗？显然不能，这种抱怨实际上是对现实问题的反馈！

项目经理的重要职责之一就是要为团队成员解决各种问题、困难，尽力营造适于项目工作开展的环境。如果某些问题被忽略了，干扰了项目的正常推进，有时候就可能以抱怨这种比较极端的方式反馈出来。因此，如果项目经理听到了这种针对具体问题的抱怨，一定要认真对待，立即行动起来，在自己力所能及的范围内尽快予以解决。做好团队的支持保障工作，既有利于项目活动的正常开展，也是赢得团队信任和拥护的最佳途径。

此外，在团队中还能听到一种有特点的抱怨：某个部门不支持我的工作，某某不配合我，某某跟我合作有问题。听到自己的团队成员有这样的抱怨，项目经理应该怎么做呢？那种没有技术含量的"安抚"，比如"我觉得是你想多了，哎呀，其实没那么回事儿，行了行了，别瞎琢磨了，好好干活吧"，显然不会起到任何作用了：看起来好像是给对方解心宽，实际上不会解决问题本身。或者立即行动起来，冲到那些部门、那些个人的面前，为"自己人"讨回说法，争一口气吗？当然也不行，遇到那种对某人、某部门配合、支持不力的抱怨，项目经理要意识到，这暗示着你的团队里面可能已经存在或将要出现冲突了。

大量的项目工作都是需要不同部门协作配合完成的。由于团队成员来自不同的部门，立足于不同的利益关注点，每个人都可能有各自不同的想法、不同的利益诉求。这种情况下，在工作配合过程中难免会出现不和谐，甚至是冲突和矛盾。项目经理要把这种类型的抱怨当作潜在的矛盾对待，认真了解原因，妥善处理，避免更严重的问题。

项目经理首先要认真地了解抱怨背后的前因后果，主动帮助他们协调解决冲突，而不能任由这种看似简单的牢骚、抱怨蔓延。因为如果不能尽快、有效地解决，可能导致后面更多、更复杂的问题出现，甚至会严重地影响到整个团队的正常工作。所以听到这样的抱怨，项目经理要把解决冲突的技巧用起来，把它当作一个潜在冲突来看待。可以通过私下的方式，分别与涉事各方沟通了解问题的情况，并让冲突的各方自己尝试解决问题。如果解决不好，项目经理就要主动加入，甚至将他们的部门领导也邀请进来，以便共同解决这个矛盾、冲突，以避免出现更大范围的蔓延或变成更大的麻烦。

项目团队中，抱怨不可避免，但是项目经理真的要区别对待！恰当的应对手段，既能让团队成员的负面情绪得到合理的发泄，还能有效缓解或消除由抱怨引发的各种问题、危机，为项目工作的顺利执行扫除障碍。

【情境回顾】

1. 牢骚、抱怨不可避免，那种以发泄为目的、无原则的抱怨不利于项目团队的正常工作。可以通过制定规范的流程、制度来消除抱怨的理由。

2. 超出项目经理权限、职责的抱怨，比如对薪酬的不满，应该及时终止，避免影响团队的士气。

3. 关于具体问题的抱怨，项目经理应该认真对待，及时解决。

4. 涉及部门、人员之间协作、配合的抱怨，要当作潜在的冲突对待，在充分了解情况的前提下将冲突、矛盾合理消除。

明确身份，求人办事不再难

秦亮做项目经理还不到一年，论经验和能力，他自己也清楚距离合格的项目经理还是有差距的。可现实情况是，这两年公司所在领域的规模出现了爆发式的增长，去年全行业GDP就接近了千亿元规模。在当前整体经济都不太景气的大环境下，这算是难得的亮点。公司高层当然不会错过这个难得的机遇，研发、生产、市场、交付，各个部门都开足了马力，力求在有限的市场空间里获得最大的收益。随之而来的问题是，项目数量的激增与项目经理不足之间的矛盾变得越来越突出。

秦亮就是在这样的背景下被任命为项目经理的。虽然他的技术能力一点儿也不差，但是在管理团队方面真的没有太多的经验，只能凭着自己的理解摸着石头过河，这让他在项目工作中感受到了很大的压力。更让他苦恼的是，即便团队里的每个人都是独当一面的精英和骨干，但是整体的项目工作还是难以按照计划顺利实施，进度延迟，客户需求不能得到充分满足，甚至影响了市场工作的开展。

不过秦亮也是个有心人，借周末难得的休息时间，他把最近项目中遇到的一些困扰做了个梳理总结，主要包括如下问题：

（1）项目中的跨部门沟通协调困难。每当自己给各个部门安排项目工作的时候，即使自己的态度很好，得到的更多回复也往往是"我特别忙""我在忙别的项目""你跟我们领导说吧"。

（2）项目中一旦出现了问题，各个部门总是相互推卸责任。比如客户投诉产品质量，交付说是生产的问题，生产说是研发的责任，研发说市场工作有缺陷，市场说是交付部门造成的！没完没了地扯皮，结果却是最终没人承担责任、解决问题。

（3）针对项目成果的需求不明确，导致需求变更频繁。计划赶不上变化，这让项目计划几乎变成了一张废纸，甚至大家都懒得再做计划了。没有计划只能走一步看一步，这让项目工作变得更被动了。

秦亮相信自己遇到的问题别人也会遇到。他打算向公司里几位经验丰富的项目经理请教请教，这几个问题应该怎么解决呢？

✑【情境分析】

这个情境中反映出的问题对大多数项目经理而言都不陌生：求人办事难，出了问题互相推诿，变更频繁，随便哪一个都够让人烦恼的！难道这些问题真的无法回避吗？在解决问题之前，我们首先要找到导致问题的真实原因。

先说说求人办事难。这可能是每个项目经理都遇到过的情况。项目工作中遇到了某项具体的任务，需要某部门的某位同事承担。项目经理满脸堆笑，态度诚恳地找到这位同事，希望他能按要求完成工作，但是得到的答复中，往往以"太忙了""没时间""你去找我领导吧"等消极、拒绝的态度居多。为什么会出现这种情况呢？先不要着急抱怨我们的同事缺乏工作主动性、团队意识不足，换个角度看，项目经理自己在工作中有没有被人求的经历呢？当我们被别人这样满脸堆笑，态度诚恳地要求完成某项任务的时候，我们自己是否也会经常把类似"太忙了""没时间""你去找我领导吧"当作拒绝的借口呢？当然很多时候，忙、没时间确实是无法接受工作安排的理由，但是在求人办事这个问题上，很多项目经理确实忽略了一个重要的原则：先给身份，再给任务。

对于项目经理来说，获得一个明确的、正式的身份是一件非常重要的事情，换句话说，项目经理在承担管理项目的任务时，应该得到正式的任命和授权。这就是俗话说的"出师有名"。如果项目经理得到了来自相关领导的书面任命，并在领受工作任务的同时获得必要的授权，如组建团队的权力、使用相关资源的权力、评估考核团队成员的权力、一定额度内某些指定用途的费用支出的权力等管理项目工作就会变得名正言顺，这样既有助于获得团队的认可，也可以增强项目经理自己对工作的责任感。

项目经理需要获得明确的身份，那些被项目经理安排完成工作的人同样也需要得到明确的身份：某项目的团队成员。在组建团队的时候，那些技术骨干、行业专家、特定职能部门的负责人一定不会被项目经理遗忘，这些人构成了所谓的"核心团队"，他们要承担那些相对更重要的、关键的项目工作，成为项目经理的有力助手。但是更多的、事务性的活动通常是由那些所谓"执行团队"的人来完成，这些人往往就是项目经理要"求"的对象。为了提高他们对工作任务的接受程度，项目经理也应该提前给他们明确的身份。例如，通过书面方式正式任命团队成员："某某同事，在某时间范围内，您被任命为某某项目的团队成员，期间您将完成某特定任务。感谢您对项目工作的支持。"如果采用邮件的形式，还应该将这个邮件同时抄送给他的直接领导。通过这样的正式任命，团队成员才能得到明确的身份。接下来，项目经理再将具体的工作任务交给他，预期被接受的可能性就会大大提升：有了明确正式的身份，接下来完成对应的工作也变得顺理成章了。

所以，项目经理要想不"求人办事"，就必须提前给对方一个正式而明确的身份，只有接受了自己特定身份后，那种源于感情、心理上的反感、抵触就会大大降低。

接下来是出了问题互相推诿。将工作中的成绩归因于自己，出现的问题推给别人，这在心理学上被称为"自我服务偏差"，这是人出于自我保护的一种自发反应。这样看，当项目中发生了问题，各个部门之间出现扯皮、推诿的现象也是正常的。现象虽然正常，但这种推诿势必会给问题的解决带来负面影响。

既然找到了发生推诿的根本原因，就有相应的解决办法，最有效的手段就是组织来自不同职能部门的人一起开会。如果只是自己人关起门来讨论，很容易得到"枪口一致对外"的结论：都怪他们，我们已经尽力了！如果把相关的各个部门的团队成员都召集到一起，大家面对面一起来分析导致问题的因素有哪些，每个人都有机会听到其他人的观点、想法，这样做既有助于开拓思路，同时也给每个人提供了解释、澄清的机会。这种由跨职能部门的人组成的研讨活动，被称为"引导式研讨会"。引导式研讨会最大的价值就在于可以听到不同的声音，在解决质量缺陷、查找偏差原因的时候有助于参与者之间建立信任、改进关系、改善沟通，从而有利于干系人达成一致意见。

另外，采用更加清晰的事前职责分配，也可以有效减少责任不明、相互推诿的情况发生。以项目管理知识体系中推荐的责任分配矩阵为例，将某一项具体工作的职责划分为负责、执行、配合和知情。负责代表对工作的结果承担决策权，包括接受、改进、否决；执行则是需要完成具体的技术性活动；配合的职责是给执行方提供必要的辅助、便利；知情的责任代表不会参与该项工作的具体操作，但是要了解活动的即时进展状况。有了类似这种清晰、明确的责任划分，再出现问题、偏差，就能让责任更准确地落地。

最后是需求不明，导致项目中出现频繁的变更。变更对很多项目来说都是常态，是无法回避的客观制约因素。如果变更要求已经出现，当然要通过规范的变更流程、计划来让变更受控，这里我们要着重分析在变更出现之前，项目经理和团队应该做好哪些必要的工作。

变更通常是由项目的干系人提出的。理论上任何人在任何时刻都可以提出变更，但是涉及项目需求的，通常是那些拥有更高职位、在项目中享有更大利益的重要干系人。项目团队在获取客户需求的时候，一定要充分识别出那些对需求可能产生最直接影响的关键干系人，比如高层领导。如果他们的具体需要和期望都是经别人转述，过程中出现变更的可能性就会大大增加！因此，充分准确地识别出这些人，并采用最直接的方式与他们积极互动，一定程度上可以让变更得到管控。对那些喜欢经常提出问题、需求的干系人更要格外注意，必要的时候项目经理还可以动用高层领导或市场部门的资源，来协助应对，以便让需求得到控制和收敛。

项目工作往往是错综复杂的，项目经理确实要付出更多的辛苦和努力。只要抓住问题的规律，就能采取更直接、更有效的措施，让问题得到梳理和解决，这也正是项目管理理论自身的价值所在。

📝【情境回顾】

1. 组建团队要完整，确保团队成员得到正式的任命，有了明确的身份，接受工作的主动性就能提高。

2. 为了避免问题推诿，应该邀请不同部门的人员共同开会，有助于获得广泛的观点和意见，进而达成一致。明确的工作职责分配也是降低推诿现象的有效工具。

3. 全面、准确识别关键的干系人，并直接获取他们的真实需求，可以让需求变更得到控制。对关键干系人，要协调包括高层和市场在内的更多资源，重点管理。

领导团队，个人魅力很重要

　　魏阳刚刚接到领导的正式通知，因为工作业绩出色，他被从交付科调动到项目管理科。这也意味着，他从一名普通的项目工程师正式成为专职项目经理！

　　魏阳一毕业就在这家公司的交付科工作，4年多的时间里，参与了大大小小很多项目，主要负责产品设备的调试、开通和故障处理工作。魏阳是个特别有心的人，虽然刚一开始接触具体工作的时候也手忙脚乱，但是通过不断用心地思考、学习，包括向老员工虚心求教，他很快走出了混乱期，不到半年就成了科室里的技术骨干。

　　几年的项目工作摔打，魏阳不但技术不在话下，在与客户沟通方面，也有了明显的提升。很多客户都反映，魏阳不但技术水平高，而且为人随和、热情。有些项目经理需要与客户协调的问题，也会派魏阳去沟通，效果也都不错。这次能得到领导的提拔，就是缘于一封来自某重要客户的表扬信。不久前，魏阳在处理该客户现场的一个设备中断故障时，不但问题定位准确，处理及时，使业务得到迅速恢复，还在接下来的系统巡查活动中，发现了一处电源设备的隐患，并协助客户安全地处理了这个隐患。这让客户高层领导非常满意，特意让办公室给公司发了一份传真，表扬魏阳对客户尽职尽责的服务精神。

这次得到领导的提拔，魏阳真是又高兴又紧张！自己的工作成绩得到了领导的认可和回报，高兴自不必说，不过从解决设备的技术问题转而带团队，他心里难免也有几分忐忑。魏阳是个有心人，虽然平时的主要任务都是针对设备的技术性问题，不过他在参与项目工作的过程中，也留意到了项目经理工作的特点：任务繁杂、责任重大、权力有限。更重要的是，项目经理的工作重点从对技术问题的解决转向了对人的管理，那些经验丰富的项目经理在协调处理一些具体问题的时候都难免手忙脚乱，自己毕竟经验和资历都有限，怎么能让团队成员听从自己的要求、安排呢？

🖋 【情境分析】

很多有经验的项目经理都有这样的体会：在项目工作中，良好的内外部关系往往起着非常重要的作用，特别是在资源紧张、要求苛刻的时候，光靠所谓的"硬权力""大道理"，有时很难获得充分的支持和理解。这时候，更能发挥关键作用的往往都是项目经理的"个人魅力"。

什么是"个人魅力"？就是一个人在别人眼中、心中的印象。当这个印象是好的、正面的时候，人们就更乐于信任他（她）、亲近他（她），给他（她）以支持和帮助，对他（她）的要求和需要做出更积极的回应。当这个印象是不好的、负面的时候，人们就会疏远他（她）、厌恶他（她），对他（她）的要求和需要做出消极、被动的反应，包括拒绝。可见，如何建立和维护自己在别人的心目中正面的印象，直接影响到一个人魅力的大小。特别是对于项目经理这个特定人群来说，在权力有限的情况下，个人魅力能够直接影响到项目工作的效率和效果。一名优秀的项目经理，如果做好以下4个方面的工作，就能有效提升自身的魅力。

第一点，要肯于投入。投入什么呢？针对项目团队投入时间、投入精力。既然项目经理是团队的负责人，就要真正让自己融入团队，将自己尽可能多的时间留给团队成员。通过密切的接触和交流，既可以在第一时间掌握项目工作的即时状况，还有助于了解团队成员的个人特点，包括能力水平、脾气秉性、兴趣爱好等。这里所说的时间和精力既包括工作以内的，也应该包括一部分属于项目经理的私人时间。因为工作之余的非正式沟通，往往更有助于和团队成员建立良好的同事关系，和团队打成一片。做到了这一点，项目经理才有可能得到团队的接纳。如果项目经理只是负责分派工作、听取汇报，只顾低头忙着自己的一摊任务，忽略了与团队的交流，特别是非正式的沟通，项目经理与团队之间只有"公事公办"的关系，二者之间就很难实现真正的融合，项目经理在团队成员心中的魅力也就无从谈起了。

第二点，为团队提供全方位的帮助。项目经理与团队之间最直接的联系就是项目工作，因此项目经理应该在具体工作活动中为团队成员提供有力支持，为团队争取到尽可能充分的资源，创造尽可能良好的工作条件，抵挡和解决不必要的干扰与问题。在敏捷管理中就有所谓"仆人式领导"的说法——项目负责人要合理运用自身特有的权力与能力，做到"全心全意为团队服务"。

除了为项目工作扫除一些困难、障碍，更能帮助项目经理提升自身魅力的办法是在工作以外为团队成员解决一些切实的问题。在生活中提供有效的帮助，是赢得团队成员认可与信任的最佳途径。例如，项目经理了解到团队里某位同事老家的亲属来到项目所在地看病，于是通过自己的亲友、同学关系，帮助联系到放心的医院，帮忙挂上了专家号。这些看似是生活琐事，却最能拉近彼此之间的距离。因此，项目经理要全方位做好团队的服务工作，做团队成员的贴心人。

第三点，针对团队有技巧地激励。对很多项目经理来说，团队建设与激励真是一件让人头疼的事！首先项目工期紧张，没时间安排；再有就是众口难调，很难让所有人都满意。最简单的方法就是聚餐，可每次都是吃饭，大家的热情也不高了。

实际上，团队建设与激励的方式方法有很多，不仅限于狭隘的休闲娱乐，更不能只是吃饭、喝酒。团队建设的根本目标就是通过特定的活动激励团队，以提高团队的整体工作绩效。因此只要是能提高绩效的方法，都属于团队建设的范畴。例如，团队中最常见的一种行为——发送邮件，就可以起到很好的激励效果，可有效提升团队成员工作的积极主动性。

现实工作中我们都有过类似的经历：当工作中需要某人给予配合的时候，我们给他（她）发了一封邮件，说明工作需求。但是，这封邮件我们往往还会同时抄送给第三方——领导，他（她）的领导或我们共同的领导！这样做的目的很明确，尽管领导未必真的认真阅读这封邮件，我们只是希望借用领导的权威来给对方施加一定的压力。这种"告状"的方式也许会起到些许的威慑作用，但是只要稍加改变，同样是抄送邮件，就能变成项目经理特别有效的激励手段。

项目经理对团队成员在工作中良好的表现应该给予及时、准确的认可、表扬，这有助于提振团队成员的士气，提高工作的热情和主动性。但是如果仅仅是来自项目经理的表扬，激励的效果显然是有限的。如果项目经理将团队成员良好的表现以邮件的方式告知相关领导，再把这封邮件抄送给被表扬的团队成员，激励的效果就会大大提升：让领导知道自己在工作中的成绩，对于被表扬者而言，能获得更大的满足感。在物质激励有限的情况下，多用心从精神层面满足团队成员对于成就感、荣誉感的需要，同样能拉近项目经理与团队的距离，提升项目经理的个人魅力。

第四点，提升自身的专业／业务技能。如果项目经理在专业技术领域，或者项目管理领域拥有傲人的成就，也能大大提高自己的影响力。国外曾经有这样一个让人哭笑不得的真实例子。某人的右耳得了中耳炎，去医院看病。为了消炎止疼，大夫给他开了耳部外用的滴剂。在处方上，大夫没有将用药部位完整地写作"right ear"，而是简要地写成了"r ear"。护士看到了处方，直接把治耳朵的滴剂滴入了病人的肛门！因为在英语里，"rear"有"后部""屁股"的意思！护士为什么会犯如此低级可笑的错误呢？心理学家研究得出的结论是，大夫自身在专业领域的权威性让护士放弃了独立思考。"在权威的命令下，成年人几乎愿意干任何事情。"

故事好笑，反映的问题却是认真的。如果项目经理在项目所属的某个专业领域，包括项目管理领域具备足够的经验、能力，而且取得过骄人的业绩，他就具备了所谓的"专家权力"。当他以专家的身份给团队成员安排工作、管理项目的时候，就能得到更多的信任和服从，这种个人身上权威的光环能极大提升项目经理的个人魅力，这有助于项目活动的推进。

个人魅力看起来是个人的事情，但是在项目工作中又确实会转化成无形而有效的"软实力"。项目经理学会管理和改善自己留给别人的印象，有助于提升自身的魅力，进而让工作变得更加轻松、顺利。

📝 **【情境回顾】**

1. 项目经理要肯于投入足够的时间和精力，主动与团队打成一片。

2. 全方位地为团队提供支持、帮助，有助于提升项目经理的个人魅力。

3. 针对团队成员良好的表现给予持续不断的、多样的激励。

4. 项目经理要主动提升自身的专业技能，增强"专家权力"。

外行当家，技术短板要补齐

R公司是一家高新技术创业型企业，公司成立以来，立足于自身的技术优势和市场资源，这几年得到了迅猛的发展。随着公司业务的不断扩大，每年项目的数量也在成倍地增长，而人才缺口的问题也变得日益严重了。

目前的项目经理几乎都是身兼数职，同时管理着多个项目，有限的资源和精力难免会让有的项目难以得到足够的关注和管控。为了适应当前项目数量激增的客观情况，当务之急就是培养和提拔一批合格的项目经理。

在什么人可以胜任项目经理岗位的问题上，管理层出现了两种不同的观点。

一种观点认为，项目经理必须从技术部门选拔。理由是，公司为客户提供的是高科技产品，系统的技术复杂性决定了所有参与项目工作的人基本上都是高学历人员，研究生及以上学历的人员占了总人数的70%。要想管理好这些专家型的团队成员，项目经理自己首先就应该是技术专家。如果不能从技术层面树立自己的权威，管理团队就无从谈起。对于这种高技术类项目，外行显然无法领导内行。

另一种观点认为，技术固然重要，但不应该是选择项目经理的唯一衡量标准。项目经理的首要责任是管理，是组织团队完成工作，而不是靠自己的技术能力解决问题。尤其针对那些高智商人群，如果不具备足够的管理能力，不能在团队里将每个人的技术专长搭配、整合，形成合力，项目目标的达成真的就是一句空话了！所以，合格的项目经理首先要具备很强的沟通、交流能力，软技能水平的高低才是项目经理能否胜任管理工作的关键因素。只要具备足够的管理能力，外行照样也可以领导内行。

问题来了，项目经理必须是技术专家吗？外行真的不能领导内行吗？

✍【情境分析】

每个项目都离不开领导/负责人，在项目实施期间，他们通常拥有一定的权力，用以调配资源、管理和控制着项目活动的进展，必要时做出决策，并为项目目标的最终实现承担责任。什么人才能做项目的领导呢？经验丰富、业务娴熟的"内行"是很多领导的第一选择。但是现实环境中，一些所谓"外行"做项目负责人的情况似乎也并不罕见。那么"外行"究竟能不能领导、管理好项目呢？我们先看几个例子。

20世纪60年代，世界处于"冷战"的阴影下。当时的苏联领导人为了能在军备竞赛上赶超美国，耗费了大量的人力、物力与财力，设计并制造威力巨大的P-16导弹。当时的苏联最高领导赫鲁晓夫给项目负责人涅杰林元帅下达任务的时候说："当我赴美国谈判，我的脚踏上美利坚合众国的土地时，你要给我放一枚导弹，吓唬吓唬美国人。"

最高领导的要求就是不容置疑的命令，科研人员只有无条件地服从并执行。在克服了一个又一个难以想象的困难后，研发团队总算在规定的时间将P-16导弹竖立在发射架上。然而，在导弹发射前的例行检查时却出现了意外情况。现场总指挥涅杰林元帅急忙带领众多苏联火箭专家和高级工程师来到导弹发射台上，对故障进行紧急排查。根据安全条例规定，对导弹进行集体检查只能在燃料取出之后才能进行，但是这个时候正是赫鲁晓夫一行到达美国的时间，为了抢时间，涅杰林元帅不顾发射基地负责人的劝说，在注满燃料的导弹旁和同来的专家们对导弹系统进行检修。

1960年10月24日，在P-16导弹预计升空之前30分钟，导弹的第二节引擎不知何故突然被点燃，顿时喷出炙热的火焰，接着又波及第一节的燃料缸，瞬间引起熊熊大火和剧烈的爆炸。弹指之间，爆炸产生的高温把周围的一切都吞噬了，发射场内所有生物荡然无存，在场人员全部葬身火海。这次事故导致在场的苏联战略火箭军司令涅杰林元帅当场丧生，发射台上同时丧命的专家及领导小组成员有59人，还有32名火箭专家被烧伤后在医院死去。

为了避免苏联人及整个世界对苏联的导弹核实力产生怀疑，这一场因错误指挥、违章操作导致的，迄今所发生的航天领域中最惨重的地面灾难事故，被人为掩盖了30多年。直到1995年10月，俄罗斯电视一台新闻节目对涅杰林元帅逝世35周年纪念进行了简短报道，透过该节目的评述，人们才恍然大悟，终于知道了1960年10月24日到底发生了什么。由此可见，当权力落到了"外行"手里，被他们想当然地、不顾客观规律地"瞎指挥"，一味蛮干后，会给工作带来多么严重和可怕的后果。

那么"外行"就一定不能领导"内行"吗？似乎也不尽然，这里还有另一个例子。20世纪50年代，刚刚走出战火硝烟的中华人民共和国百废待兴，为了应对当时严峻的国际环境，党和国家领导人毅然决定，中国人要搞自己的核武器。时任西藏军区副司令员兼参谋长的李觉将军临危受命，被任命为二机部核武器局的局长，负责中国第一颗原子弹研制的领导工作。

李觉，1937年参加中国工农红军，后任晋西游击队营教导员，鲁西军区团政治处副主任，冀鲁豫军区分区参谋处长、旅参谋长，第二野战军师长，参加了平汉、渡江等战役。中华人民共和国成立后，历任军参谋长，西藏军区参谋长、副司令员，可谓戎马半生。将军后来回忆说，刚刚接到任务时自己也很吃惊，以为听错了，心想自己过去扔过手榴弹，也造过炮弹，还用手电筒的灯泡搞过电雷管，但从来也没想过搞原子弹这样高精尖的东西！

但是将军并没有因为自己是"外行"而退缩，而是甘当科研人员的小学生和铺路石，从机构组建、人员调配，到核武器研制基地的选址、勘测施工，他都亲自过问，精心组织，周密安排，坚持做到让科研人员安心搞科研，其他的事情由他这个"后勤部长"去办。他从政治上、思想上、生活上无微不至地关心科研人员，极大地调动了广大科技人员的积极性和创造性。

后来担任中国科学院院长的周光召回忆说："当年，我们的研制基地在青海海拔3000多米的高原上，大家都住帐篷，一切从头建起。那时没有高压锅，饭都煮不熟。第一座楼房盖成后，让谁住进去呢？当时的负责人李觉将军决定，领导住帐篷，科研人员住新楼。在冰天雪地的青藏高原，把帐篷留给自己住，这是真正的共产党员的精神。李觉同志的这个决定，深深感动了广大科研人员。我对他十分佩服。平时，李觉的作风就很民主，他爱护、尊重科技人员，十分注意充分发挥专家的作用。想当年在那么艰苦的条件下，能聚集那么多知名科学家，与有一批像李觉这样的共产党员、领导干部分不开。"

1964年10月，我国研制的第一颗原子弹爆炸成功，打破了核大国的核威慑和核垄断，大大提升了我国的国际地位和影响。1967年，我国又成功爆炸了第一颗氢弹。李觉将军为我国两弹的研制成功付出了辛勤的汗水和心血，他是核爆炸现场指挥者之一，为我国原子弹、氢弹研制成功做出了重要贡献。

说到这里，又回到前面情境中提到的问题了：外行究竟能不能领导内行呢？在真实的项目环境中，特别是那些比较复杂的项目，通常会涉及多个部门、专业，这样的项目负责人往往很难做到"门门通、门门精"，在专业和经验方面，总会或多或少出现"外行"的情况。从上面的实例可以看出，如果不肯正视自己在某些方面知识、能力缺失的现实，不懂装懂，一味靠权力压人，甚至违背客观规律，瞎指挥，这样的"外行"只会将项目引上绝境。

反之，如果能理性面对自己的不足，积极学习的同时，以谦虚、谨慎的态度管理团队，充分发挥民主，做到合理授权，勇于担当，就能将自己"外行"的不利影响降到最低，甚至可以通过项目实践的锻炼，把自己从"外行"变为"内行"。

由此可见，技术或专业上是否"外行"并不是能否管理好项目工作的最重要因素；作为管理者，正确的态度和正确的工作方法才是确保项目获得成功的关键所在。

【情境回顾】

1. 负责项目由于涉及的行业、领域众多，项目经理确实难以做到样样精通，存在某一方面的技术短板是正常的。

2. 项目经理切忌不懂装懂，"瞎指挥"。

3. 高超的软技能一定程度上有助于弥补技术短板，但是并不意味着可以放弃专业技术。

工作外包，管理不能甩包袱

R公司是一家生产自动控制系统的企业，专门研发和生产食品包装生产线的核心控制部件。公司刚刚起步的时候，产品类型比较单一，客户数量也不多，所以从研发、设计、生产、制造到现场的安装调试工作，都是由自己人全程完成的。一转眼，R公司成立已经快20年了，不但实现了产品系列化，客户也已经遍及了国内几乎所有省份，年销售额在同行业中排在了前列。

虽然公司的人员编制比成立之初已经扩大了好几倍，但随着市场规模的增长，还是出现了资源紧缺的问题。特别是现场安装调试的工作，全靠自己人完成已经无法满足客户的需求了。经过管理层讨论，决定通过引入外包商来解决自身资源有限与市场日益扩大的矛盾。

曹波是R公司工程部的项目经理。为了做好外包商的管理工作，领导要求他起草一份针对工程现场的外包管理考核制度。曹波了解到，当前公司与外包商之间的合作采用类似人员租赁的方式，由工程部通过招标，选择长期合作的外包单位，根据外包项目的具体工作内容，外包单位派遣施工团队到达客户现场进行设备的安装及调试工作，直至系统通过初验。在施工期间，外包商现场人员的工资由R公司负责支付，根据人员在现场的时间实报实销。

因为采取了"包工"的方式，曹波面临的最大难题就是，如何制定合理的绩效考核办法，能让那些外包商的现场人员尽可能高效地工作，从而有效降低人力资源的成本。他曾经提出将外包商现场人员工资的30%作为绩效，与现场具体表现的评分挂钩，但这种方法遭到了外包商的反对。外包商认为自己员工的工资理所当然是他们应得的报酬，除非单独有额外的费用，不同意用工资作为绩效。另外，现场考核打分也很难得到落实。虽然现场团队也有负责人，但不能确保考核打分客观、准确，因为R公司工程部人员非常有限，无法对现场的外包人员做到全程的监督、管控。

曹波很苦恼，外包团队应该怎么监督、考核呢？

【情境分析】

在复杂的项目工作中，对外采购产品、服务变得越来越普遍。这种基于合同的跨组织合作方式，确实给项目的管理工作带来了更大的挑战。作为项目经理，在管理好自己团队的同时，应该怎样做好针对外包商的监督与控制工作呢？

首先需要明确的一点，工作外包了不等于"甩包袱"。从管理风险的角度看，将包含风险、不确定的工作活动交由第三方执行，属于"转移风险"的策略：将风险本身，连带风险的后果、影响都转移出去了，自己无须再面对那些潜在的风险。但是"转移"出去，不等于对这部分工作就可以不闻不问了。虽然技术层面的活动确实是由外包商完成，但如果项目经理连管理层面的责任也放弃了，那么未来风险发生的可能性依然很大。

也许有人会说，既然外包了，那就肯定是有合同的，可以用合同里的处罚条款来约束外包商啊！的确，任何规范的合同文本中都少不了针对违反合同约定的行为、后果给予处罚的规定，但是，如果真的到了要动用罚则的时候，危害往往已经发生！这种事后弥补性的处罚，对项目工作本身，甚至项目目标的达成通常都会造成不良影响。因此，对由外包商承担的那部分工作的监督、管理，同样不能忽略、放弃。

对于外包团队，项目经理应该如何开展必要的管理工作呢？首先，要确保工作要求、规范及时、准确地传递。通常情况下，外包工作的范围是明确的。哪些是外包团队该做的，哪些是不该做的，理论上都应该以合同条款的形式被严格记录，泾渭分明。对于那种需求明确的外包项目，可以签订固定总价合同；如果是那种范围难以事先严格界定的工作，比如软件外包项目，也可以采用先有一个框架合同，最后按具体发生的工作量作为最终结算依据的成本补偿类合同。

但是，不论哪种形式的合同，工作完成的标准，也就是衡量外包商工作完成情况的客观依据，必须要充分明确。站在干系人分析的角度看，外包团队的特点是权力偏小，但是利益影响偏大。换句话说，作为权力有限的乙方，外包商承担外包工作的目的是获得必要的收益。因此，他们主观上有积极主动完成工作的意愿，以便及时得到相应的利益。项目经理要确保与外包团队之间相关信息传递的及时、准确。项目经理应该安排确定的团队成员作为与外包团队的接口人，负责第一时间了解外包工作状态、传达工作要求、回复外包团队的问题，特别是有了新的要求、出现了新的工作标准，甚至是发生了与合同条款不一致的变更的时候。只有确保工作要求、规范及时、准确地传递，才能让外包团队清楚地知道应该如何开展工作，以满足需要。否则，标准不明、需求不定，已经完成的工作还需要返工，不但会阻碍项目工作的正常推进，更将严重影响外包团队的士气，破坏双方的合作关系。

另外，对于已经外包的那部分工作，还应该做到密切沟通、及时了解外包团队遇到的问题、困难，并积极主动地提供必要的支持和协助。尽管项目团队和外包团队之间是甲方和乙方的关系，但是在面对客户的时候，要当作一个整体来看待。具体工作中，在不涉及合同条款、不涉及法定责任的情况下，双方都应该互相支持、互相配合，所谓"责任要分清，界面要模糊"。比较典型的情况，如客户关系协调、个别技术问题的配合解决、合理范围内的特定工具、车辆的使用，这些项目团队力所能及的支持，对于外包工作的顺利推进，往往能起到明显的促进作用。更重要的是，这有助于打破项目团队与外包团队之间那种传统上冷冰冰的甲乙方关系，变成互相支持、利益共享、联系更加紧密的合作伙伴。

管理好外包团队的第三个原则，就是监督、考核。前面已经提到了，即便是外包的工作，项目经理也不能有"甩包袱"的想法，更不能仅仅依靠合同中的处罚条款来约束外包团队的行为。与管理自己的团队一样，工作绩效的提高，离不开严格、合理的考核。

一般来说，评价和衡量外包团队工作的完成情况包括技术和表现两个方面。技术方面的评价标准通常比较容易量化，结合合同中约定的相应技术指标、管理要求，比如进度、范围、质量等，能够得到比较清晰、明确的量化标准。

而表现方面的评价内容多数都是主观体验性质的，比如客户满意情况，工作中特定行为规范的遵守情况，信息反馈，以及问题处理的及时性、有效性，等等。对于这些常见的评价指标，要想获得及时、准确的信息，项目经理可以采取定期或不定期现场巡视检查与客户反馈相结合的办法。俗话说，耳听为虚，眼见为实。项目经理在管理外包团队的时候，不能只听汇报、看邮件，必须要安排团队成员对现场工作情况进行最直观的检查。特别是不定期的现场巡视，除了能够让项目经理在第一时间掌握真实的外包项目状态，也是一个与外包团队面对面沟通交流的机会，这也有助于及时发现问题和解决问题。

另外，通过现场客户拜访，也能了解和掌握外包团队更多、更真实的现场工作状态与表现。这种多角度、全方位的监督，能够给外包团队带来一定的压力，进而起到规范和约束工作行为的作用。

至于外包团队考核中需要引入的必要的激励、处罚机制，在不违背合同相关条款的基础上，应该由双方经协商后确认，并在项目实施期间予以严格的执行。合理的奖罚机制也是管理外包团队最直接、最有效的手段。

工作虽然外包了，但是对外包工作、外包团队的管理责任依然要由项目经理和团队承担。只有做到了全过程的严格监管，才能确保项目工作得到规范的执行，这也有助于优化和提升双方的合作，建立更牢靠的伙伴关系。

📝【情境回顾】

1. 工作外包了，不等于"甩包袱"，项目经理和团队要承担全程的监管责任。
2. 要确保工作要求、规范及时、准确地传递，让外包团队清楚地知道应该如何开展工作。

3. 要与外包团队保持密切沟通，及时了解他们遇到的问题、困难，并积极主动地提供必要的支持和协助。

4. 严格考核，采取现场巡查与客户反馈相结合的方式，具体奖惩机制由双方协商确定。

理解战略，抬头看路不能忘

　　孙勇是一名研发项目经理，在C公司工作已经快9年了。他凭借出色的技术能力，再加上大大小小实战项目的锻炼，这些年摸爬滚打下来，积累了丰富的项目管理经验。一年前C公司得到了一笔额度可观的风险投资，公司的业务和人员结构也发生了比较大的改变，孙勇所在部门就走了好几个人。不过，新的部门领导特意把孙勇留下了，不但主动给他上调了薪水，还专门和他单独谈话，要他努力工作。"机会都是留给有准备的人，特别是像你这样的骨干！"这句话让孙勇很高兴，工作的热情更高了。

　　年初的时候，孙勇接受了一个新任务，要求在半年内完成一个新产品的实验模型开发，为年底推出成熟的上市产品做好准备。按照以往的经验，孙勇在得到正式任命后，立即开始组建团队、编写计划，项目工作紧锣密鼓地启动了。

　　孙勇不愧是经验丰富的项目经理，在资源一如既往紧张的情况下，他带领的团队虽然工作艰难但还是有成效的，项目工作总体正在按计划往前推进。阶段项目评审的时候，孙勇的主管领导却私下告诉他，鉴于当前市场环境的发展趋势，公司高层决定调整产品方向，孙勇正在做的这个新产品实验模型开发项目因为占用资源较多、成本较高，相关产品线领导有意取消该项目，并将团队中的3名技术骨干抽调到另一个项目中去。

对于这样一个突如其来的消息，孙勇一时难以接受。他认为项目本身没有问题，自己也在按计划逐步推进，怎么说不干就不干了呢？虽然他还没有接到正式的通知，但接下来好几天都情绪低落，无精打采。是无条件接受公司的决策，还是据理力争，让项目得以保留？他应该怎么做呢？

✑【情境分析】

有人形容项目经理，就像是拉车的牛，不但要把车拉到终点，过程中还要确保平稳，不能有大的偏差。用牛比喻项目经理确实有形象的一面：埋头苦干，脚踏实地，承担责任，承受压力。不过，优秀的项目经理除了要像牛一样踏实努力地"低头拉车"，同时还不能忘了要随时"抬头看路"。

在第六版《项目管理知识体系指南》中，出现了一个项目经理的能力三角形，三角形的三条边分别是技术项目管理能力、领导力和战略商务能力。这个抽象化的模型告诉我们，一名合格的、能够带领团队最终实现项目目标的项目经理，要同时具备上述三种能力。

项目经理应具备的第一种能力是技术项目管理能力。什么是技术项目管理能力？就是项目管理的理论和方法。优秀的项目经理不但要有丰富的项目管理实践经验，还要掌握充分的理论知识。项目经理不是个"熟练工种"。项目的独特性决定了，就算有再丰富的经验，在工作中也会遇到从来没遇到过的问题。如果只依靠经验，显然是无法满足要求的。那种重经验轻理论的项目经理，注定要在工作中摔跟头、走弯路。而理论的价值在于万变不离其宗，遇到问题的时候，不但知道应该怎样做，还知道为什么应该这样做。用规范、正确的理论指导实践，才能最大限度地少出错、不出错。

当然，在学习和运用理论的过程中，又不能被理论束缚住手脚、机械教条，既要坚守理论，又要理论联系实际，这也就是项目管理知识体系里所说的"裁剪"，理论与经验相结合，做到灵活多变，勇于创新。

项目经理应该具备的第二种能力是领导力。所谓领导力，指的是激励和带领团队的能力。这些技能包括协商、抗压、沟通、解决问题、批判性思考和人际关系技能等基本能力。在很多行业和领域，项目经理这个执行层的负责人，往往要面对责任与权力不对等的尴尬情况。由于本身缺乏足够的行政职务，因此项目经理的实际权力通常都是有限的。如何在权力不足的情况下承担起管理团队、执行工作、成功交付项目成果和商业价值呢？要靠领导力。

领导力虽然是一种"软技能"，但是能在工作中发挥出"硬效果"。通过高效的沟通、共情、有效的激励，以及在不同的情境下恰当地运用不同的领导力风格，包括项目经理身先士卒，提升自身在相关专业领域的能力水平等各种途径，来加强自身对团队的影响力，让团队成员发自内心地乐于接受项目经理的要求和安排。通过运用杰出的领导力，能让"跟我上"的效果比"给我上"要好很多。

项目经理需要具备的第三种能力，就是战略和商务能力。这种能力被定义为"总揽组织概况，并有效协商和执行有利于战略调整和创新的决策和行动的能力"。对于很多项目经理来说，"战略"太高大上了，那是高层领导才需要考虑的事情，自己只要做好最具体的工作就可以了。不论什么行业、领域，大原则是相通的：领导负责"做正确的事"，项目经理负责"正确地做事"。从这个意义上说，战略确实是高层更应该关注的问题。但是，战略真的离项目经理很远吗？我们首先要搞清楚战略和项目的关系。

美国战略研究专家迈克尔·波特提出，在商业环境下，"战略能够定义与传播一个组织的独特定位，说明应当如何整合组织的资源、技能与能力以获取竞争优势"。从这个意义上说，战略决定了一个组织是什么，怎样在竞争的环境下生存。战略明确了方向，而项目是实现战略的途径和手段。战略确实是高层领导制定的，但是作为具体项目的负责人，项目经理必须清楚地理解战略、认同战略，并且要确保在整个项目的实施过程中，项目工作的推进始终与组织的战略方向保持一致。如果说项目经理是司机，战略就是汽车的方向盘。如果方向错了，油门踩得越猛，偏离正确轨道的距离就越大，造成的损失也就越严重。

项目要服从于战略，并支持战略。在具体的项目工作中，项目经理要时时刻刻关注项目与战略的吻合状态，不但要确保目标契合于战略，还要保证过程也符合战略的原则。这就决定了任何项目工作必须被限定在一个相对确定的范围内，也就是有所为，有所不为。举个例子说，一家生产环保产品的企业，把"做环保领域的排头兵"当作自己的组织战略，它实施的每一个项目，除了要做出更加环保的优质产品，还要确保在项目实施的过程中严格遵守环保要求，不能有破坏环境的行为，即使那样做可以压缩工期、节约成本、有利于获得更大的市场份额。因此，对项目经理提出战略和商务能力的要求，并不是画蛇添足，而是确保项目真正获得成功的关键保障。

清晰准确地理解组织战略，有助于项目经理在与团队一起编制计划、执行工作的时候，能够时刻关注到战略因素对项目可能造成的影响，包括风险问题、财务影响、商业价值、项目的预算、范围和质量等，进而在合理和允许的区间内做出正确和适当的决定。

回到一开始的具体情境中。孙勇作为项目经理，除了要具备管理好项目的必要知识和经验，还应该具备足够的战略意识，能对所在组织的战略方向、战略目标有清晰的理解，这有助于确保自己的项目目标始终与组织战略保持一致，符合战略并支持战略。按照项目管理知识体系的观点，这就是能力三角形里的战略和商务能力。如果项目经理只盯着自己的项目，完全以项目目标为导向，而忽略了项目必须服从战略的根本要求，要么得不到必要的支持，要么会对组织造成不必要的利益损害。如果项目经理坚持完成与组织战略方向不一致的项目，极端情况下的结果可能是项目成功了，企业却倒闭了！老电影《南征北战》里边有句台词："今天我们大踏步地后退，就是为了明天大踏步地前进！"所以，以战略为导向，不计较一城一池的得失，才能获得更大的整体收益。

做了一半的项目，从项目的角度看没有什么问题，却面临被领导取消的问题，孙勇当前最应该做的就是和相关领导深入沟通，在了解组织战略和领导的真实意图的前提下，检查自己项目当前的真实价值。值得做，说明理由，说服领导继续完成项目；不值得做，立刻进入项目的收尾阶段，把资源用到更关键的项目中去。

项目经理像拉车的牛一样，负重前行，确实不容易，但项目经理除了脚踏实地地"拉车"，也不能忘了，一定要时刻抬头看路，方向正确才能最终达到正确的终点。

▤ 【情境回顾】

1. 清楚地知道和理解公司的战略，是一名合格的项目经理必备的能力之一。

2. 准确地理解、认同战略，才能确保项目工作的推进始终与组织的战略方向保持一致。

3. 清晰准确地理解组织战略，有助于项目经理和与团队在合理和允许的区间内做出正确和适当的决定。

四种策略，管理压力要主动

　　压力对于各位项目经理而言，一定不是陌生的体验，让这个特定人群倍感压力的因素太多了！一般来说，源自生活中的各种问题，往往会因人而异，正如俄国伟大作家列夫·托尔斯泰在小说《安娜·卡列尼娜》开篇所说的："幸福的家庭都是相似的,不幸的家庭各有各的不幸。"但是从项目工作角度看，各个行业、领域的项目经理们却几乎要面对着一些相同的挑战：权力与责任的不对等、工作内容繁杂、资源紧缺成为常态、团队管理问题日益复杂、项目中大量的变更等。

　　除了这些共性的困扰，每个项目在执行的过程中，还会遇到大量的具体问题。有技术性的，有管理性的；有的来自内部，有的来自外部；有的发生在下级部门，也有的源于高层领导。在这种全方位、多角度的重重包围下，项目经理的压力之大可想而知！

　　俗话说，一把钥匙开一把锁。任何矛盾、冲突都可以找到相应的解决办法。这里暂且抛开项目中那些具体的麻烦、困难，让我们聚焦于最共性的问题：在面对巨大的压力时，项目经理们应该如何应对呢？

🖋 【情境分析】

首先，什么是压力呢？从医学角度上说，"压力"是在外界刺激下引起伴有躯体技能和生理改变的身心紧张状态，是人面对紧张状态时的一种自然反应，它会导致个体出现焦虑、不安等状况。压力也可以理解为是一种感觉，它是无形的，是一种源自精神或心理层面的力量，这种力量达到一定程度时，会导致不适感，甚至影响心理、生理的健康。现代医学和心理学研究显示，过大的压力是导致很多疾病的重要原因，包括消化系统溃疡、心脑血管病变、皮肤老化、记忆力减退、抑郁症等。

但是从另一个角度看，压力也并非一无是处，人们耳熟能详的一句话就是"把压力变为动力"。由此可见，适度的压力也可以给人们带来好处。比如很多人都有这样的体会，出门旅行的时候，一般都不会有太多身体不适的感觉，反倒是回家后开始生病了。这是因为出门在外，精神通常都会处于比较兴奋、紧张的状态，由此带来的适度压力，促进了自身免疫系统的活性，机体抵抗疾病的能力提升了。回家后，压力消除，身心放松，免疫力也随之降低，加之旅途的劳累，于是各种头疼脑热的症状都显现出来了。

因此，从产生作用的后果看，压力可以分为积极的压力和消极的压力。那些能促使行动意愿出现、使人产生动力，激发出斗志的压力，就是积极的，它们不但是有益的，更是必需的。俗话说："人无远虑，必有近忧。"《孟子·告子下》里也有"生于忧患，死于安乐"的表述。承担必要的职责、确立现实的目标、参加擅长的比赛项目，这些行为产生的压力都是正面的、积极的，能够帮助人们提高工作效率、增强凝聚力、提高自信心、提升自己解决问题的能力。什么是消极的压力呢？那些会产生负面的、不良结果的压力就是消极的。长期处于这种压力下，不但会使工作效率降低，对工作缺乏兴趣、破坏同事间的关系，还会损害身体和心理的健康，甚至导致精神障碍，出现自杀等极端行为。

积极的压力与消极的压力最明显的区别在"度"，把握好压力的"度"就能使压力的积极作用得以有效发挥。一旦这种"度"失去平衡，压力的消极影响就会凸显。而所谓的"度"既包涵客观因素，比如压力的大小、持续时间、压力来源的多少等源于工作、生活的外部条件，也涉及我们自身的主观范畴，它与一个人的性格、心胸、见识、阅历、受教育程度、价值观、责任心等密切相关。

压力无处不在，既然躲不开，就要学会积极主动地管理。对待压力问题，最关键的是培养和保持积极的心态。心理学上，将压力表述为心理压力源和心理压力反应共同构成的一种认知和行为体验过程。繁重的工作、领导的要求、岗位的责任、激烈的竞争这些外部的、客观存在的压力源我们往往难以改变，但是在面对这些压力源时，我们自己产生的心理反应是可以做出合理调整的。有人说，心态就是一面"魔镜"，你有什么样的心态，就会有什么样的人生。如果总是用悲观的心态来看世界，就会变得悲伤；如果用乐观的心态来看世界，就会变得快乐。著名社会活动家赵朴初先生说过："日出东海落西山，愁也一天，喜也一天。遇事不钻牛角尖，人也舒坦，心也舒坦。"有了积极、乐观的心态，就能做到"谈笑间，压力灰飞烟灭"！

正确的心态为管理压力提供了适当的环境因素，在面对各种现实的压力源时，还可采取一些更加具体、有效的措施。类似项目管理活动中应对风险的措施，我们在管理压力时，也可以使用如下4种手段：解决、中断、转移、放弃。

所谓解决压力，是发现压力产生的根源，然后对症下药，将造成压力的问题本身给予有效解决。问题解决了，压力自然也就消除了。比如工作遇到了困难，首先要认真分析，找到问题产生的根本原因，是技术性的，还是资源性的？是自己力所能及的，还是需要对外求助解决的？多数情况下，我们遇到的问题都是有解的，通过合理、有效的解决措施，破解难题，从而化解压力。在面对问题时，既要相信自己，永不言败，又要客观正视自己的能力、水平，力所不能及时，要主动向他人求助，说明自己的困难和需求，争取获得帮助和支持。

中断压力，是指在面临压力事件时，采取"等一等""喘口气"的方法，暂时将难解的问题搁置。这段时间可以做一些其他相对更容易、更轻松的事，或者干脆休息一下，听听音乐，放松放松，或者与家人、朋友聊聊天，参加一些自己喜欢的体育活动。总之，让自己的身心暂时离开那些导致压力的事情。中断压力，既可以让自己的头脑、身心得到些许的休憩，有助于理清思路，还可以给问题本身留出一定的发展时间，静观其变，也许会得到好的转机。我自己的体会，在工作中，很多今天遇到的难题，往往都是在第二天得到了突破或解决。

转移压力，是把压力本身，连同导致压力产生的问题交由他人处理。那种单打独斗的工作方式已经不能满足日益复杂的项目工作，而是需要更多的人、更多的部门协作、配合。管理者们要善于授权，将自己的压力分解到其他相关成员身上。这种基于了解和信任的授权不是"甩包袱"，有助于激发出人们的工作的积极性与主动性，有利于问题的解决。还有一种压力的转移，就是倾诉。当我们遇到困难，感受到压力时，如果能找人倾诉出心中的焦虑、困扰，也有助于缓解压力带来的负面影响。

孟子在他的文章《鱼我所欲也》中说："鱼，我所欲也，熊掌亦我所欲也；二者不可得兼，舍鱼而取熊掌者也。"我们在工作中、生活中总会遇到一些难以取舍的问题，如果不能正确对待自己的欲求，不肯舍弃那些无法企及的利益、诱惑，就会让自己倍感焦虑、烦躁，压力山大。对于这种压力，就要采取放弃的原则，不能兼而取之，就要果断放弃。坚持什么，放弃什么，是基于个人价值观而做出的选择，只要不违背道德法律、公序良俗，不给他人造成困扰，都是值得肯定和尊重的。

总之，我们在面对压力时，对于那些导致压力的问题，能解决的尽量解决；一时解决不了的可以暂时搁置，静观其变，再做打算；不允许搁置的，还可以选择转移，求助于外部资源的支持；如果压力问题实在超出了自己的应对能力范围，就应当果断做出取舍的决断，不让过大的压力继续干扰自己的工作，甚至危害身心健康。

压力是一柄双刃剑，适当的压力能够让我们的生活更美好，有害的压力则会给我们的生活带来痛苦。最后，借用古希腊哲学家亚里士多德的话作为总结："生命的本质在于追求快乐，使得生命快乐的途径有两条：第一，发现使你快乐的时光，增加它；第二，发现使你不快乐的时光，减少它。"

【情境回顾】

1. 压力分为积极的压力和消极的压力，把握好"度"是管理压力的关键。

2. 解决压力，是通过积极主动地解决问题本身来消除压力。

3. 中断压力，是指在面临压力事件时，采取"等一等""喘口气"的方法，暂时
   将难解的问题搁置。

4. 转移压力，是把压力本身，连同导致压力产生的问题交由他人处理。

5. 放弃压力，是指在遇到一些难以取舍的问题时，正确对待自己的欲求，果断
   放弃，从而消除压力。

高效工作，管好时间有技巧

【情境再现】

吕晨觉得自己简直要忙疯了！自从被提拔为项目经理之后，自己的印象中好像就没有一天是按时下班的！以前专心搞技术，那时只要把手里的活儿干完就可以了，虽说也少不了加班，但至少都是在忙自己的事儿。可如今呢，当上了项目经理，就好像被上紧了发条一样，真的是从早忙到晚！

现在公司的项目多，每个项目经理手里都避免不了同时管着几件事儿，再加上不少项目彼此之间还会多少有些联系，结果往往是甭管谁的问题，基本上只要是与项目沾边儿的，自己就肯定跑不了！且不说大大小小的会一个接着一个，就算好不容易有时间坐下来了，可还没等把手上的正在做的工作搞出个眉目，一会儿微信响，一会儿QQ叫，一会儿快递小哥的电话又来了：下楼取快件！最让吕晨倍感纠结的是，当每天拖着疲惫的身体躺在床上的时候，居然想不起自己这一整天究竟干了些什么！

难道只能靠拼时间、拼体力才能搞定那些没完没了的工作吗？

🗨️【情境分析】

随着社会节奏的加快，每个人都承担着越来越多的工作和压力。忙，几乎成了现代都市人特有的标签。我们忙着开会，忙着出差，忙着完成各种任务，甚至忙着娱乐……每当面对着此起彼伏的电话，络绎不绝的邮件，还有那些从四面八方涌来、似乎永远也做不完的工作的时候，耳边便不由自主地响起了那首曾经流行的歌曲：《时间都去哪儿了》。

其实很多时候，让我们感到焦头烂额、疲惫不堪的最重要原因，并不是时间不够用，而是我们自己不会高效地利用时间。如果能主动地将时间管理起来，堵住那些"跑冒滴漏"，我们的工作和生活都会变得更加自主和有条理。

首先，要主动切断干扰源。做任何事情，如果不能集中精力，不断地被分心、打扰，任何活动都不可能高效，也不会取得理想的结果。什么是工作中最常见的干扰源呢？网络！如今移动互联网无处不在，网络、手机几乎成了人们片刻不离的要素。有一幅漫画表达得很形象：在马斯洛的需求层次模型最底端"生理需求"的下面，又多了一层需求：Wi-Fi需求！

越来越丰富的手机应用软件在给我们带来各种娱乐和便利的同时，也极大地干扰和破坏了工作时间的连续性！微信、微博、QQ、朋友圈、抖音……那些图标的每一次闪动，提示音的每一声响起，都会对我们正在进行的工作、正在思考的问题造成不同程度的影响。这些干扰源如果不能得到有效的屏蔽，"聚精会神"就变成了空话。因此，要想高效地工作，就必须首先给自己创造一个相对纯净的工作环境，最简单的办法就是：放下手机，离开网络！

尽管有些社交媒体已经成为工作中不可或缺的重要工具或沟通手段，但是在执行手上的某一项具体工作任务的时候，还是应该暂时远离各类数字、媒体的干扰，待活动告一段落或休息的时候再上线查看。可能很多人会有顾虑，一旦离开了网络，会不会耽误重要的工作呢？其实大可不必担心，因为实践经验告诉我们：真要是有重要的事，除了网络，能找到你的方法多着呢！

有了利于专心工作的环境，不等于已经得到了高效的结果。对很多项目经理来说，特别让他们头疼的一件事儿是，各种事情可能会随机出现！最终把自己搞得手忙脚乱的，正是那些不确定的工作！在面对纷乱的工作任务时，项目经理们还必须要学会区分轻重缓急，确保有限的精力聚焦在最重要的活动上，而不能眉毛胡子一把抓。最简单也是最有效的工具就是时间四象限法。

所谓四象限法，是指将工作按紧迫性和重要性两个维度区分为紧急重要、紧急不重要、重要不紧急和不紧急不重要。在时间有限、精力有限的制约条件下，不同性质的活动要采取不同的应对方法。越是紧急重要的事情，特别是那些接近目标的工作，越要重点优先处理，这些工作没有完成之前，不要将精力分散到其他任何事情上。而那些重要但不紧急的事，则是在完成了紧急重要的工作之后，应该投入大多数精力去执行的任务。对于紧急不重要的事，原则上应该尽量少做，或者主动授权给别人，委托别人来做，类似下楼拿个快递，给某某提供一些并不太重要的信息、资料等。以上工作都完成了，如果时间、精力还允许，才可以把注意力放到那些既不紧急也不重要的事情上。

通过时间四象限的梳理，使我们有限的精力得到了合理的分配，这才有可能获得最大的收益。然而，在使用四象限法时，也需要注意一些细节，比如领导与你在工作优先顺序的理解上可能会有所不同，如果出现了冲突，自然要服从领导的安排，确保自己的工作目标和领导的要求保持一致。另外，工作的优先顺序也有可能因各种情况发生变化，所以当有新的工作任务出现的时候，需要随时重新评估工作的性质，以确保重要活动得到应有的精力投入。

有助于工作高效的另一种手段叫"看板"，这是一种敏捷管理工具，是大卫·安德森受到日本丰田汽车及时交付（Just In Time，JIT）的启发而发现的方法。看板的原意是招牌、告示栏，丰田汽车及日本百货业将客户要的产品有哪些、正在生产中的有哪些、已经完成可交付的有哪些显示在一个大看板上，用意在于及时交付客户要的产品，所有的工作可视化，并且限制进行中的工作（limit Work in Progress, Limit WIP）。如果手边有太多工作的话，无论是团队还是个人都不可能高效地完成目前的工作，而是应该把手边的工作完成，再开始做另一项活动。

让工作可视，最方便的手段就是贴纸。将需要完成的任务分别写在贴纸上，然后按这些任务的完成状态，比如等待执行、执行中、检查/确认、完成/移交等分别集中粘贴在白板或玻璃隔断上。随着任务状态的改变，同步移动贴纸的位置，这种既简单又清晰的看板工具对于聚焦重点活动、提高工作效率能起到积极而显著的作用。

也许有些人会说，即使我把工作按轻重缓急分类了，即使我让这些任务清晰可见了，但工作的总量还是那么多，甚至超出了我的精力范围，这又该怎么办呢？现实工作中，确实经常会有这种情况发生，资源紧缺在大量行业、领域中实际上已经是一种常态了。人少活多，往往会让人身心俱疲。然而，冷冰冰的职场法则告诉我们，没有功劳，就没有资格谈苦劳！所以一味地"忙"，甚至疲于奔命，四处"救火"，并不一定等于有成绩。要想获得满意的结果，还是要在达成任务的目标上下功夫。

人的精力是有限的，只有将有限的精力投入那些最关键、最重要的任务中，才有可能取得事半功倍的效果。另一种源自敏捷管理的思想能够帮助我们实现这一要求，就是MoSCoW原则（Must or Should，Could or Would not）。所谓MoSCoW是指将需要完成的工作按重要等级划分为：Must——一定要做的；Should——应该做的；Could——可以做的；Would not——不需要做的。因为时间和资源是相对有限并且受到制约，因此一旦有新的"一定要做的"需求出现时，就必须将原计划中那些属于"可以做的"工作剔除，以便腾出时间和精力，以确保重要的工作得到可靠地执行。

管理好自己的时间并不难，上面介绍的每一种方法都不复杂，而且已经被大量的实践证明是有效果的。但是管理好自己的时间又真的不容易，因为我们往往很难打破"知易行难"的规律。怎样才能让这些有效的方法真正发挥作用呢？借用一句网络流行语："先定一个小目标！"从身边做起，从点滴做起，从放下手机做起！积极的态度，正确的方法，辅以持之以恒的精神，我们一定能成为自己时间的主人。有一种说法，我们今天的状态，是过去5年以来持续不断努力的结果。而今天及未来5年的努力，将决定我们5年后的人生！

高效工作，你一定能做到！

【情境回顾】

1. 完成具体工作时，务必切断以网络、手机软件为典型代表的干扰源，营造有利于工作开展的环境。

2. 当任务繁杂的时候，可以使用时间四象限法将工作分类，区分出执行活动的轻重缓急。

3. 使用便利贴让工作"可视化"，并限制进行中的工作，聚焦于一项任务，专心完成。

4. 利用MoSCoW原则，在有限的资源和时间约束下，确保最重要的工作得到执行。

区别对待，扫清项目"绊脚石"

【情境再现】

赵宇从做项目经理至今已经快5年了，用他自己的话说："什么样的虾兵蟹将没见过！"虽然有几分调侃、几分自负，不过也确实有些道理。他所在的行业曾经如日中天，引得各路人才、投资趋之若鹜，着实红火过一个时期。可随着竞争对手的大量涌入，那种蹲下就捡钱的好日子早已一去不复返了。除了万年不变的价格战，各厂家也在满足市场需求方面挖空了心思。谁能用更短的时间，更灵活的方式让客户满意，谁就能在越来越有限的市场上分得一杯羹。用领导的话讲：现在不是大鱼吃小鱼了，是快鱼吃慢鱼！

在这样的大背景下，赵宇作为直接与市场、客户对接的项目经理，压力自然是巨大的。除了技术因素，项目中最让他劳神的就是与各种人打交道，领导、客户、供应商、外包商、团队成员、接口人……任何一个环节出了问题都可能带来或大或小的麻烦。几年的实践工作摸爬滚打下来，赵宇练就了一套与各色人等打交道的本事。

不过，有一类人让赵宇最为头疼，他称之为"绊脚石"。在项目的实施过程中，原本应该为项目工作提供支持，给予配合，可一碰到这种人，没有问题也会被制造出问题！外部的各种干系人也就罢了，偏偏这种人就来自身边！甚至领导都同意的事情，到他那里还是行不通，不是横挑鼻子竖挑眼，就是拖拖拉拉。这边项目都已经火上房了，他却永远一副慢条斯理的样子！每次遇到这种人，赵宇都恨不得像对待一块破石头一样，一脚踢开！但是让他感觉很奇怪，有些领导又很喜欢这种"绊脚石"，真的让人想不明白！

应该如何看待那些所谓的"绊脚石"呢？这让赵宇一时没了思路……

✍【情境分析】

上述情境描述的是很多项目经理在实践工作中都遇到过的一种比较常见的问题：项目工作得不到充分、及时的支持（至少项目经理自以为没有得到应有的支持）。有人说过，世上最难的事莫过于与人打交道。因为每个人都是独特的，利益、需求、性格、习惯，方方面面都存在大小不同的差异。这种客观的差异，让管理人这件事变得异常复杂。不过，再复杂的问题也有因果可循，只有找到了根本原因，才能采取更有效的应对办法。接下来，我们就找找项目中出现"绊脚石"的常见原因有哪些。

第一种"绊脚石"，没事找事型。有这样一种人，他们干扰项目工作的目的仅仅是为了刷存在感。不能说他们的职责是多余的，但是和其他部门和岗位相比通常属于"幕后"的角色，在组织中确实容易被忽略。有些人天性不甘寂寞，总希望能获得更多的关注，于是有事没事都要整出点儿动静，以表明自己的存在和价值。

严格来说，这种人也没有更大的错误。从人性的角度看，每个人都有获得认可、赢得尊重的需求，正如英国女作家夏洛蒂·勃朗特在她的名著《简·爱》里的一句话："你以为，因为我穷、低微、不美、矮小，我就没有灵魂没有心吗？"不论是项目经理还是更高层的领导，对于那些默默无闻的岗位、角色，不应该视而不见。适度的关注、过问，及时的表扬、激励，能够让他们感受到被关心、被重视。人们有尊严，体会到成就感，才能更好地投入工作，为项目提供更积极主动的支持。

对于这一类的"绊脚石"，应该以安抚为主，满足他们的合理需求。当然，如果完全出于一己私利，一朝权在握，以权谋私，对于这样的人绝不能姑息迁就，应该及时通过规则、纪律严肃处理，为项目扫清障碍。

第二种"绊脚石"，坚持原则型。在一些竞争激烈、客户强势的市场上，有时遇到一些紧急、突发情况，项目经理最喜欢的就是"绿色通道"。绕开一切正常的流程、手续，用最短的时间，迅速、高效地解决问题。这种坚持原则的"绊脚石"就成了那些习惯走捷径的项目经理的"克星"！

客观说，"绿色通道"可以有，而且很有必要，因为在那些特定的紧急情况下，确实有利于化解难题，确保项目得到顺利实施。但问题是，"绿色通道"不可常开！如果项目经理因为缺乏必要的规划，风险意识不足，等事到临头了全靠"绿色通道"应急，不但会破坏应该有的制度，还可能造成更大的成本和资源的浪费。

很多项目经理都有类似的体验：项目中唯一不变的就是变化！在面对无法回避的变更时，有的项目经理能做到以计划为导向，按规则、流程应对变更。但是也有的项目经理把"计划赶不上变化"当作挡箭牌，忽视必要的规划工作，总是事到临头了再随机应变。甚至还有些人，他们缺乏规则、制度的概念，信奉"结果才是王道"。在他们的脑子里只有所谓的目标，为了获得他们看重的项目利益不择手段，甚至不惜违背公序良俗，钻法律法规的空子。表面上看，这些人有时候确实能快人一步，抢到一些眼前的好处、利益，但是无法改变的客观规律告诉我们，没有规矩不成方圆，从长远来看，越是竞争激烈，越是那些在项目中、在经营中能做到合规、不逾矩的企业才能得以生存。电影《无间道》里的一句台词说得好："出来混迟早是要还的！"真到了要"还"的时候，付出的代价可能是无法承受的。

坚持原则的"绊脚石"是项目流程制度的守护者，这也是他们能得到领导认可、支持的原因。所以，对于这种"绊脚石"，项目经理最好还是从自己身上多找找原因，要有规范意识，工作中尽力做到规划先行，按正常流程办事。当然，这种对流程、制度的坚守也不可太过于死板，合理审时度势，才能在必要的时候及时开辟出项目的"生命通道"。

第三种"绊脚石"，沟通障碍型。由于沟通不畅，让项目工作迟滞，在现实项目中也并不罕见。对于沟通，有些项目经理会有类似这样的抱怨："我觉得我说清楚了啊，怎么还听不懂呢？""什么理解能力啊！"

沟通的重要性毋庸置疑，但沟通又是最容易被忽视的一个环节。我们在管理项目的过程中，会编制一个范围计划、进度计划、成本计划、风险计划等，却不一定会专门编写一个沟通计划。其实，沟通很复杂，绝不是说话、写邮件、打电话那么简单。俗话说，说出的话，泼出的水，意思是信息一旦发出，很难被收回。而一旦让不合适的人收到了不合适的信息，后果可能会非常严重。因此，要想确保信息被准确传递，就要全面关注一个沟通过程的各个方面，包括沟通的对象、沟通的内容、沟通的方式方法、沟通的频率等。这些具体细节都应该有一个完备的事前规划。

因为沟通环节出现了偏差，导致工作中的配合发生摩擦、障碍，比抱怨对方是"绊脚石"更有效的解决方法就是优化沟通，打通阻碍信息的节点。多年前，我在某个项目中急需一块特定的板件，于是按流程给公司发货部门发了一份有领导签字的，要求航空快递板件的传真。正常情况第二天我需要的板件就能到现场，但是一直到第三天上午还是没有任何音讯！等我打电话去询问，对方居然说没有看到传真！因为板件晚到影响了工作，我被领导批评了。当我辩解是发货部门配合不力的时候，领导一句话让我哑口无言："紧急发货这件事是你着急还是发货的人着急啊？你着急为什么不自己密切跟踪确认呢？"

这个多年前的小小的教训让我记住了一个道理：与其抱怨别人不积极配合，不如先让自己更加积极主动起来。当沟通变得流畅了，所谓的"绊脚石"可能也就消失了。

第四种"绊脚石"，猪队友型。这种人最大的特点就是情商低，缺乏团队意识，难以顺畅交流。如果项目经理遇到了这样的人，最好的办法就是请他离开！柯林斯在他的书《从优秀到卓越》中提到："先人后事，就是把合适的人请上车，让大家各就各位，然后让不合适的人下车，才决定把车开向哪里。"选择合适的人加入团队，很大程度上将决定项目的成败。在团队成员的人选上，项目经理一定要认真对待，最理想的情况是把组建团队的权力抓在自己手里；即使不能做到充分的选择权，也应该争取到人员配置的建议权。

项目工作往往不是一个人凭借一己之力就能完成的，项目经理在与其他部门、其他组织打交道的时候，如果遇到了所谓的"绊脚石"，一定要区分不同的情况，区别对待，这样才能让通往项目成功的道路更加宽敞、平坦。

📝【情境回顾】

1. 对于那些默默无闻的岗位、角色，不应该视而不见。适度地关注、过问，及时地表扬、激励，能够让他们感受到被关心、被重视。

2. 项目经理要有规范意识，工作中尽力做到规划先行，按正常流程办事。同时不忘合理审时度势，在必要的时候及时为项目开辟出"生命通道"。

3. 通过合理编制沟通计划，优化沟通，打通阻碍信息的节点。

4. 先人后事，项目经理在组建团队的问题上应该积极主动，选择适当的成员加入团队。

项目并行，多管齐下有方法

沈明是L公司的项目经理。2个月前，领导安排给他一个很重要，但是并不十分紧急的项目：为公司一个大客户开通一套L公司自研的远程数据采集系统。说它重要，因为这个客户与L公司有长期的合作关系，属于战略客户之一，而且双方高层领导私人关系密切。另外，如果这个项目得到认可，接下来还会带来一定规模的其他订单。但是从时间要求上来说，真的不算紧急：客户方项目负责人明确告知，因为他们的高层领导要去海外一段时间，只要赶在领导回来前完成系统的测试工作即可。

好在不太着急，沈明暗自松了一口气。他手里还有两个项目正在做着，其中一个已经出现了延迟的情况，这让沈明很是着急。不过既然领导已经把任务安排下来，他也不敢急慢，赶紧把团队召集起来，这第三个项目就算启动了。

团队一共6个人，来自不同的部门，彼此之间还算熟悉。根据沈明掌握的情况，他们基本上都是能独当一面的骨干，完成这个项目不存在什么技术问题。不过，真应了那句话：能力越大，责任越大。既然是骨干，就肯定闲不住！这几位都同时承担着好几个项目的工作，天天忙得见不到面，想把大家都召集到一起碰个头、开个会都不是件容易的事情。好在时间还比较宽裕，沈明自己做了个计划，把项目的要求一说，大家简单分分工，对各自的职责任务都没有什么异议，项目工作就这样开始了。

接下来的半个多月，沈明所有的精力几乎都耗费在了那个延期的项目上。几经周折，总算是把耽误的工期抢了回来。那边松了一口气，他这才顾上这个重要不紧急的项目。可是听几位团队成员一汇报，沈明就愣住了：虽然时间已经过去快3周了，但实质性的工作几乎还没有开始！结合具体的项目工作仔细一分析，沈明的汗下来了：按现在的状态，这个原本重要不紧急的项目已经变得既重要又紧急了！那几位倒是也有几分尴尬，可也都挺无奈：我们不是偷懒，实在是手里别的项目催得紧，所以……沈明嘴里不说，心里也是暗暗叫苦：这个项目要是出了问题，自己真担不起责任啊！

【情境分析】

受制于有限的资源和激烈的行业竞争，很多项目经理都要面对一个不得不接受的现实：多项目并行。一个人同时要兼顾几个项目的实施，这绝对不是一件轻松的事情！有限的精力被不同的项目分散了，疲于奔命、顾此失彼，甚至忙到最后费力不讨好，成为不少项目经理跳不出去的怪圈！如何同时做好多项目的管理工作，避免到处"救火""四面楚歌"的被动局面呢？项目经理应该从以下4个方面做好规划与控制。

第一点，在多项目并行的情况下，一定要分出轻重缓急。项目经理是项目工作的第一责任人，要对过程和结果负责，因此必须对自己的项目有全面、准确的理解。项目的目标是什么？期望收益是什么？项目有哪些关键的干系人？存在哪些重要的制约因素？在对自己负责的各个项目有清晰认识的前提下，要对各个项目从多个维度进行排序，包括重要性、紧迫性、收益大小、可控性、影响力等。这个排序的结果将成为项目经理获取资源、投入精力的依据。当然，为了确保项目工作与高层领导的目标，包括组织战略要求相一致，项目经理对项目的排序要得到那些重要干系人的认可和批准。有了合理的优先顺序，项目经理在面对多项目管理的时候，就能有据可依，重点突出，而不是眉毛胡子一把抓。

第二点，明确了各个项目的轻重缓急，项目经理的资源、精力必然发生有目的的偏移。但是在关注高优先级项目的同时，不代表可以忽略那些相对低优先级的项目。因此，对那些不紧急、不重要的项目，项目经理也绝不可掉以轻心！上面的情境描述的就是对优先级低的项目采取了忽略、不关心的态度，最终让自己变得更加被动的情况。大量失败项目的教训显示，那些看似简单的、工期要求不高的项目，发生延误、违约的情况反而高。造成这种尴尬结果的原因很多，其中学生综合征是最常见的因素。

学生综合征大家应该都不陌生，就是我们常说的拖延症。大家可以回忆一下自己上大学时候的经历。老师留了作业，也给出了充足的时间，是不是依然会有些人不能按时、高质量地完成呢？是真的没时间吗？是真的不会做吗？都不是，而是因为动手太晚了！这种拖延的问题在考试中表现得尤其突出。很多学生都有"闲时不烧香，急来抱佛脚"的习惯。平时的时间大都花在别的事情上，不到临考试，不会拿起书本认真学习。等真的要上考场了，临阵磨枪的效果自然好不到哪里去。

当然，喜欢拖延并不是学生们的专利，我们每个人都或多或少有把工作拖到不能再拖的时候才做的习惯。因为那些经过识别、分析，被定义为不紧急、不重要的项目本身确实有一些可以推迟、延误的时间，于是我们就有了拖延的理由和依据：反正不着急，先去忙别的更要紧的工作吧！但是可以拖延的时间总是有限的，而不紧急、不重要又不等于简单。随着那些可以推迟、延误的时间的流逝，到不能再拖、不得不做的时候，工作中任何风险、意外的干扰，都可能给按时完成造成重大影响。结果那些原本不紧急的项目变得紧急了，不重要的工作也变得重要了，在整体资源、时间有限的情况下，其他项目的正常实施也会受到不利影响。

拖延的想法源自人性，想彻底消除几乎是做不到的。不过，缓解拖延的方法还是有的。拖延症最大的克星就是压力，在压力面前，拖延的习惯就能得到很好的抑制。对于项目经理和团队，明确的计划安排就是很好的压力来源。针对那些不紧急、不重要的项目，项目经理和团队也应该有清晰的计划安排。通过具体的工作流程，为项目活动设定出明确的里程碑节点。用确定的时间节点来约束工作，有利于增加团队的压力感，辅以及时的跟踪、问责，有助于工作按时开展与完成。

第三点，作为身兼数职的项目经理，在同时管理多个项目的时候，更要做好自己的时间管理。紧急工作不耽误，简单任务不拖延，说起来容易，真正落实执行绝不是简单的事。这种情况下，项目经理一定要做到"抓大放小"。"抓大"好理解，集中资源、精力，优先完成那些重大工作。"放小"怎么放？刚刚说了，即使是那些相对不紧急、不重要的项目，也应该在计划的指导下认真执行。这里的"放"显然不是放弃，而是要项目经理合理授权，把适当的管理责任分配给其他团队成员。

如果所有权力都集中在项目经理一个人身上，团队成员就会变得消极、被动。不论遇到什么问题，大家的第一反应都是"找项目经理去"，这样的项目恐怕也就没有什么效率可言了。优秀的项目经理除了会积极主动地向上争取授权，同时还能做到有的放矢地向下授权。项目经理可以将一个完整的项目划分为若干子项目，然后在对团队成员的能力、经验充分了解的基础上，分别任命子项目经理，并在适当的范围内将相应的项目管理权力以书面的方式授予子项目经理。这既可以减轻项目经理的压力，也有助于团队成员的锻炼和成长。通过合理减少一些事务性的活动，有助于项目经理将有限的精力投入更重要的工作。

第四点，在多项目管理情况下，项目经理和各个团队之间必须要有清晰、可靠的沟通机制。以上面情境为例，沈明在投入那个延期项目期间，显然完全没有得到第三个项目的任何即时信息，等发现工作几乎没有实质性进展的时候已经晚了。对于项目经理而言，不掌握工作状况，基本等同于项目失控，因此必须要在各个项目中建立明确的沟通计划，包括内容、对象、方式、频率等细节。项目的真实绩效能及时、准确地被传递、汇总，是各个项目管理受控的根本保证。

对很多项目经理而言，一人同时负责几个项目的情况早已是常态。如果能在上述4个方面多加留意，项目经理就有可能让不同项目的工作变得更加有序、可控。

【情境回顾】

1. 针对多项目并行的情况，项目经理要在全面评估的基础上，做出轻重缓急的分类。

2. 即使那些不紧急、不重要的项目也不能掉以轻心，用规范的计划减轻拖延症的影响。

3. 多项目环境下的项目经理要做好自身时间管理，抓大放小，合理授权。

4. 应建立高效、可靠的沟通机制，确保各个项目的信息及时、准确传递。

增强韧性，突发风险也能防

　　许明做项目经理快10年了。他从产品工程师做起，经过多年的一线摔打，积累了丰富的项目现场经验。半年前，他承担了一个大型私企数据采集和传输系统的开通项目。

　　许明和他的团队刚与客户接触的时候，对方领导非常热情，不但管吃管住，还专门为项目组提供了一辆工程车。这让许明很高兴，有了客户领导的支持，他觉得这个项目一定能顺利完成。但是让许明万万没想到的是，这种热情没持续多久，那位领导的态度就发生了180度的转变：之前给项目组的种种"福利"没有了不算，工程车也被毫无理由地收回，连和自己说话的语气都变得生硬和冷漠了！

　　这种转变让许明真的有些摸不着头脑。好在他经验丰富，与团队一起制订的计划也很周密，虽然项目实施过程中出现了不少风险，但是凭借着出色的风险管理手段，问题都得到了有效解决，整体项目工作没有受到太大的影响。

　　很快到了系统验收的阶段，客户领导的态度却越发不友好了，这让许明很担心项目能否正常验收。一次偶然的机会，许明从一位熟识的客户口中了解到，原来他们公司的销售经理在与对方领导签订合同的时候，曾经私下承诺了一些事情，但是不等兑现，这位销售经理就已经从公司离职了。这让客户领导非常生气，因此对项目团队的态度也发生了改变。

许明万万也没想到居然是这种原因！自己经验再丰富，也想不到还会有这种风险啊！项目工作受阻，难道只能怪自己倒霉吗？

✍ 【情境分析】

每个项目经理对风险一定都不陌生。任何活动中都少不了风险，它们像病毒一样神出鬼没，让人防不胜防，稍不留神就可能给正常的工作造成或大或小的负面影响，甚至导致项目的失败。按照项目管理知识体系的定义，那些发生在未来的不确定的事件或条件就是风险。这些不确定的事件或条件一旦发生，会对项目一到多个方面造成或者消极、或者积极的影响，比如范围、进度、成本、质量和资源等。这指的是广义上的风险，其中也包含了我们习惯上所说的"机遇"。结合上面的具体情境，我们接下来要分析的只是那些"坏"的风险。

有经验的项目经理都知道，风险管理的核心思想是事前管理，要做到防患于未然。对那些经常发生的风险，或者能够被我们的经验、认知识别出的风险，都可以通过全面的评估，提前给出相应合理的应对办法，包括事前的预防措施及必要的应急手段。对那些预期发生概率高、影响大的关键风险，还可以给出多套应对方案，多管齐下。总之，在很大程度上可以做到让风险受控。

对于可提前识别的风险（也称为"已知的未知风险"），我们能做到尽可能充分地事前管理。但是越来越多的项目实践显示，那种超出常态的，特别是超出了项目经理和团队的经验、认知范围的极端风险（也称为"未知的未知风险"）在项目中发生，也并不是罕见的情况。怎么让这些只有在发生后才能被发现的风险也能得到有效的管理呢？要靠增强项目的韧性。

所谓"韧性"，换个更通俗的说法，就是抗打击能力。以拳击比赛为例，世界重量级拳击冠军中有一位传奇人物：迈克·泰森。泰森有个响当当的绰号——"野兽"，有人测试过，他出拳的力度最大能达到800千克！光有无坚不摧的拳头还不算，泰森另一个无人能比的优势就是他的脖子。泰森脖子的周长将近50厘米，几乎等同于一位苗条女性的腰围。异常发达的颈部肌肉极大地提高了泰森的抗打击性，即使挨了对手两三拳的重击，却依然能保持岿然不动！正是有了这攻防兼备的卓越能力，在泰森最鼎盛的时期，几乎都是在第一回合的若干秒内，就以击倒对手的绝对优势获得胜利。

泰森的成功离不开他自身超强的抗打击能力。回到我们的主题——项目管理，一个项目要想能最终实现目标，也需要足够的韧性以抵御打击或风险，特别是那种无法被提前识别的、突发的、极端意外的风险。在第六版《项目管理知识体系指南》中，就给出了5种有效提高项目韧性的方法、途径。

第一种方法是要留出必要的资源。无法预知的风险发生了，不论影响了什么，事前规划好的工作安排肯定被改变了。要应对计划外的活动，就必须要有计划外的资源。最常见也是最有效的资源就是时间和钱。在工期以外预留的时间内，使用项目预算以外预留的费用，来为突发的风险做好善后处理工作。虽然亡羊在先，但能迅速补牢，也可以让偏移正轨的项目工作得到最高效的修正，这无疑是一种提高项目生存概率的有效手段。

虽然理论上每个项目都应该为突发风险预留出必要的资源，但在实际工作中，这种被称为"管理储备"的预留资源一般是在组织高层，以类似"应急基金"的形式为所有项目提供保障的。既然被高层掌控，项目经理原则上不能直接动用，需要通过申请，得到批准后才能使用。

第二种方法是采用灵活的项目流程，包括强有力的变更管理，来应对突发性风险。这种方法我们也不陌生，就是提前留出"绿色通道"。小到项目，大到企业，要想做得更好，都离不开严谨、科学的流程和制度，但是，当发生了具有危害性的突发风险的时候，如果依然要按部就班地走流程，显然从时效性上不利于不良后果的高效应对；因此，应该提前规划出最可靠的应急机制，以便在需要的时候以最直接、同时也是最安全稳妥的方式，获得应对风险所需要的所有支持。绿色通道应该有，但是为了维护正常情况下流程制度的严肃性，这种"一键操作"的方式确实又不能常用。

第三种方法是在商定的限制范围内完成工作。既然突发意外风险难以应对，最有效的办法就是尽量不要让它出现！提前为项目活动划定出一个相对严格且安全的固定范围，很大程度上就能躲开那些超出团队经验的陌生风险事件。所以，要想不遭受意外风险的打击，最主动的方式就是不要有冒险的行为。对于那些风险厌恶型的项目，比如大型的国事活动，像召开国际会议、会见外国元首、阅兵等，不允许出现任何意外偏差。这些项目能做到万无一失、分秒不差，除了投入更多用于保障实施的资源，更离不开细致入微的规划和严格的范围边界：既要明确哪些是必须做的，也要明确哪些是必须不做的！不越雷池半步，就能最大限度地避免那些范围以外的不可控风险的发生。

第四种办法是留意早期预警信号，以尽早识别突发性风险。虽然风险是发生在未来的不确定的事件或条件，但任何风险也都不是凭空出现的，一定有一个从量变到质变的过程。只不过有的过程比较清晰，有的过程相对隐蔽。如果能更加留意那些风险在早期量变过程中的蛛丝马迹，就有可能让无法预知的风险变得可以识别。受制于经验与认知能力，发现突发风险的早期预警信号并不是一件简单的事，通常都是通过对已发生的突发风险进行回顾复盘，来提升识别管理风险的能力，以便在后续的项目或阶段中发挥作用。

最后一种增强项目韧性的方法是征求干系人的意见，以明确为应对突发性风险可以调整的项目范围或策略的领域。这种手段的本质是通过提前的沟通，尽早了解干系人对风险后果的容忍程度。比如客户能接受的工期延误最长是多久？允许的预算超支额度最多是多少？在所有需要提交的功能中，哪些是相对次要的，甚至通过协商可以暂时不提供的？事前摸清对方的"底牌"，我们在为突发风险选择善后措施的时候，就能做到心里有数，更加从容地应对。

如果把项目环境比作波涛汹涌的大海，项目就好比海上的航船。除了经验丰富的船长、水手、成熟的航线、及时准确的天气预报，船只本身也要足够坚固。这样的船才能劈波斩浪，最终顺利到达成功的彼岸。

📝【情境回顾】

1. 项目中的风险无法避免，有些可以被提前识别，有些只有等到发生以后才能被发现。通过提高项目的韧性——抗打击能力，就可以对那些"未知的未知风险"做出有效应对。

2. 提前留出管理储备，包括时间和钱，为处理突发风险的后果提供资源支持。

3. 留出"绿色通道"，提升应对突发风险过程中的工作效率。

4. 明确规定项目活动的范围，不做范围以外的事，从而消除意外风险的发生。

5. 留意早期的风险预警信号，让突发风险得到提前的识别。

6. 摸清关键干系人的"底牌"，掌握他们对项目偏离的容忍程度，为应对突发风险提供依据。

优化管理，一蹴而就不可取

【情境再现】

M公司是某市高新技术开发区里的一家创新型企业，成立5年以来，凭借管理层对市场方向的准确把握，以及开发区特有的各项优惠政策，公司的发展一直处于快速上升阶段。但与此同时，随着企业市场和规模的不断扩大，各种问题也开始慢慢浮出水面。

公司成立之初，组织结构、层级相对简单，不论是内部还是外部，各种需求、信息都能相对迅速而准确地传递到对应的部门、个人。再加上项目的规模都不是很大，基本上都能比较高效、顺利地交付给客户。但是现在情况变了，公司员工从最初的30人，已经增加到500多人，研发、测试、生产、交付、市场、物流，可谓体系完整、部门齐全。

当前M公司每年的项目数以百计，短的两三个月，长的要跨年。这些项目中，有大量的项目负责人都是部门经理兼任的。说是"兼任"，实际上也就是挂个名，具体管理工作一般都会指定部门里的某位经验相对丰富的员工完成。随着公司规模的扩大，各种规章、流程也日趋复杂，再加上缺乏权力的员工承担管理工作，各个项目之间因为沟通不畅、争抢某位专家、某台专业仪表、工具等稀缺资源引发的冲突、矛盾时有发生。

为了提升项目绩效，公司CEO提出建立项目管理办公室（Project Management Office，PMO）的要求，负责厘清各个项目之间的关系，让有限的资源得到充分利用，特别是让当前的流程制度得到合理的梳理、优化。在这样的背景下，陈杰被招聘入职了。陈杰有超过10年的同行业项目管理经验，在上一家单位的项目管理办公室工作。M公司的CEO亲自和他谈话，明确了他的工作职责："你有项目管理办公室的经验，希望你能结合咱们公司的实际特点，让你的经验得到最佳复制。"

陈杰清楚自己肩上的担子，他用了一周的时间在各个项目间访谈、调研，发现同事们的工作热情确实挺高，但是各种抱怨也不少：项目经理权力不足，流程混乱，售前、售后脱节，资源分配靠个人关系……面对这样一个现状，陈杰要建立的项目管理办公室应该如何开展工作呢？

【情境分析】

项目管理办公室对多很多人来说并不陌生，越来越多的组织开始设置这样一个部门，希望通过项目管理办公室来协调、整合各个项目的资源、进展，解决冲突，最终提高项目成功的概率。然而项目管理办公室并不是包治百病的"神药"，有些公司建立了项目管理办公室，项目管理的能力、水平却没有什么明显的提升：资源依然紧缺，沟通依然不畅，矛盾冲突依然频发！问题出在哪里呢？接下来，我们就对项目管理办公室的构成、作用和特点做一个简要的分析。

首先，项目管理办公室是组织内一个常设的职能性部门，它和我们在一些工程施工类项目现场看到的那些"某某项目办公室"或"某某项目指挥部"是不一样的。项目管理办公室与项目的临时性——有明确的开始和结束——没有关联，换句话说，项目一定有结束的日期，而项目管理办公室是长期存在的！既然叫"项目管理办公室"，当然是管理项目的，因此项目管理办公室是一个专业性很强的部门。什么人才有资格成为项目管理办公室的成员呢？一定是经验丰富的项目经理！项目管理办公室管理，或者说服务的对象是组织内大大小小的项目，外行一般不能领导内行，因此它的成员必须要具备足够的项目管理能力。除了项目工作中积累的实战经验，还离不开扎实的项目管理理论知识。比如熟练掌握项目管理知识体系中涉及的各个过程的输入、工具与技术、输出，并能正确地将这些工具、方法运用到具体的项目活动中。只有这样，在遇到问题的时候，才能做到不仅知道应该怎么做，而且知道为什么这样做。项目管理办公室的成员必须能做到经验、理论两手抓，两手都要硬。

项目管理办公室究竟有什么作用呢？从理论上说，项目管理办公室的职责范围可大可小，根据不同组织的实际需求，可以从简单地为项目提供一些诸如成熟、规范的工具、模板，到直接参与具体项目的管理控制工作。总的来说，项目管理办公室最根本的职责通常应该包括：为所在组织制定、开发切合实际环境和需求的项目管理标准、政策、流程、方法和工具；在其所管辖的各个项目之间，让有限的资源，特别是稀缺资源得到合理分配、流动；通过高效的沟通，解决项目之间的冲突、矛盾；在项目经理遇到难以协调、解决的问题时，提供有价值的建议；主动帮助项目经理及团队成员提升项目管理知识水平；等等。在一些项目管理比较成熟的大型企业里，可以在不同的层级设置相应的项目管理办公室，比如公司层面、事业部层面、片区层面和办事处层面。这些不同的项目管理办公室用以对应于不同规模的项目工作。

从上面提到的种种职责来看，项目管理办公室是一个典型的"技术+管理"部门。技术是项目管理办公室成员"自带"的，管理则需要得到充分的授权！有些高层领导只把项目管理办公室当作一个技术性的"生产部门"，认为只要有了项目管理办公室，有了能力强的成员，所有问题就可以迎刃而解了。责任一样不少，却没有得到充分的授权，结果项目管理办公室成了风箱里的老鼠——两头受气！一方面无法满足领导的要求期望，另一方面也难以协调和解决一线项目经理的困难。这样的项目管理办公室最终只能沦为无足轻重、上下都不招人待见的"摆设"。

实际上，项目管理办公室面对的大量项目问题，都是因为流程、制度的缺失或不合理导致的。这类问题的有效解决，一定离不开强有力的权力做背书。一个能充分发挥作用、切实提升组织项目管理水平的项目管理办公室，通常都能够得到高层领导的大力支持，比如项目管理办公室直接隶属于组织结构中某个高级别的管理部门，甚至直接向类似CEO的高管直接汇报。得到了充分的授权，才有机会用更加规范、有效的流程、方法来修正组织当前存在的弊端，进而帮助各个项目得到更加顺利的实施。

一家企业，如果从一开始就设立了项目管理办公室，并按照规范的流程、制度去管理项目，相当于有一个完美的"起跑"，在行业竞争中就会有更大的优势。但是，现实中更多的项目管理办公室是在项目中已经出现了问题，项目绩效难以满足市场和企业发展需要的时候，才被当作改善工具而中途组建的，正如上面情境描述的中陈杰面临的现状。这种情况下，应该怎么做才能确保项目管理办公室真正发挥出应有的作用呢？

如前所述，项目管理办公室必须得到高层的全力支持和充分授权。CEO亲自与陈杰面谈，并提出了明确的要求，可见高层领导对这项工作的重视，在这个具体情境中，权力问题应该已经得到解决了。接下来就是如何实质性地开展项目管理办公室的具体工作了。在这个问题上，最重要的原则就是循序渐进。

有些项目管理办公室上来就大刀阔斧，大量的流程、制度颁布，大量的工具、方法推出，之前已经形成的各种惯例被通通打破！也许旧的流程方法本身确实存在这样那样的问题，也许新的制度工具确实是治病的良方，但如果忽略了人的"惰性"，在推行这些新流程、制度的过程中，就可能遇到更大的阻力！

每个人或多或少都有"惰性"，或者说是一种对改变既有模式的恐惧。改变越多，恐惧感就越强，进而会引发消极甚至抵触的情绪和行为。如果改变涉及的面太大，可能出现的抵触力量就会越大。高层领导原本对项目管理办公室寄予了很大希望，也提供了必要的资源、权力，但是由于遭到太多人的消极抵触，势必会严重影响那些本身有价值的、正确的流程、制度在项目工作中应该发挥出的效果。满怀希望地投入，却得不到应有的回报，接下来项目管理办公室的处境就会变得格外尴尬，进一步的改进和推动也就难上加难了。

一种规范的管理思想、管理体系从无到有，从弱到强的建立，很难做到一蹴而就，正确的做法应该是从点到面逐步推进。以前面情境中陈杰面临的状况为例，在得到领导支持的前提下，首先要针对项目经理、骨干团队成员进行项目管理理论的灌输，比如通过适当形式的培训，让大家理解并接受项目管理思想。接下来可以以某个相对简单的真实项目为样本，让规范的流程、工具得到落地执行。在这个过程中，项目管理办公室应该主动为项目提供辅导和帮助，确保项目成功。这个成功的样本项目既是项目管理办公室工作的阶段成果，有助于获得高层领导持续支持工作的承诺，同时也为其他项目经理增强了接受规范方法的信心。在此基础上，合理扩大新流程、工具的应用范围，直到项目管理思想得到全面推广。通过这种循序渐进、润物细无声的方式，项目管理办公室的作用和价值才能得到充分的体现。

【情境回顾】

1. 项目管理办公室必须要得到高层领导的授权和支持。
2. 新流程、制度的推行切忌大刀阔斧。
3. 首先针对项目经理等群体普及相关理论知识。
4. 通过小项目试点，逐步让新的流程、制度得到推广和认可。

明确分工，责任矩阵作用大

章华是一家公司的项目总监，主要负责全公司的市场类项目监控工作。随着几个大客户的成功突破，最近一段时间大小项目像雪片一样飞来，这让他既兴奋，也感到了沉甸甸的压力。

章华手下负责市场类项目的项目经理有十几人，总体看他们的经验和能力都不错。但随着项目数量和难度的增加，项目中顾此失彼、工作丢三落四的情况也越来越多。怎么能让项目经理们在工作中做到分工明确、责任到人呢？章华决定给他们一些启发。

周五下班前，章华召集所有项目经理到会议室。不过这次他没有像往常一样给大家开会，而是先放了一段视频：由中国残疾人艺术团表演的一个经典节目——千手观音。伴随着悠扬的音乐，演员们精巧的肢体动作，将一个动态的千手观音展现得活灵活现。虽已是多年前的节目了，还是不免让人连连赞叹。

"这个表演很精彩，"章华待视频播放完之后说，"你们说，最精彩的是什么？""整齐！""有创意！""配合默契！"项目经理们纷纷表达自己的想法。"说得对，最精彩的是配合，这个舞蹈的灵魂就是动作上彼此默契的配合！"章华顿了一下，"看了这个表演，你们有没有受到什么启发？在你们的项目工作中，经常出现工作职责不明确，责任推诿，甚至出现了工作责任的空白：没人负责！你们想过没有，怎样才能让团队中每个人都像千手观音那样相互配合、相互支持？"章华的话让项目经理们都沉默了。是啊，怎么才能做到工作责任清晰，分工明确呢？

【情境分析】

我们先看看这个让很多人都眼熟的小故事：公司里有4个人，名字分别叫"所有人""某个人""任何人"和"没有人"。每当公司有重要的工作需要完成的时候，都会要求"所有人"去做。而"所有人"心里很清楚，"某个人"一定会冲上去，而且"任何人"也可以完成，但结果往往是"没有人"站出来。于是"某个人"很生气，因为这是"所有人"的任务。"所有人"认为"任何人"也可以承担，但是"没有人"了解，"所有人"是不会主动去做的。最后的结果往往就是，"所有人"指责"某个人"，"没有人"去做"任何人"可以做的事！这个故事给我们描绘了一幅生动的项目活动画面：职责不清导致相互推诿。

在项目活动中，工作职责不明确、团队成员之间互相推诿责任的情况并不罕见。因为职责不明，就可能出现某些工作的遗漏，甚至影响到了项目的正常进展。如何才能让项目中具体工作的职责得到明确落实呢？有经验的项目经理经常会使用一种非常便捷、有效的工具——责任分配矩阵，有时也称责任矩阵。

责任分配矩阵的样式很简单，就是普通的二位表格。表格的最左列是待执行的工作活动，通常表现为被分解出的工作包。表格的最上边一行是参与活动，等待分配职责的团队成员，通常被描述为个人，有时也可以被表达成相关小组、部门。但是为了能让待执行的工作职责得到更切实的分配、落地，在小组、部门获得了相应职责后，也还需要在这些小组、部门内部继续将责任分解到个人。矩阵表格里使用特定的标记方式，将相关职责分配给对应的个人或小团体。

比较典型的是RACI责任分配矩阵，它将工作活动中最常见的4种职责以不同的字母来表示，分别是：R（Responsible）——负责执行任务的角色；A（Accountable）——管理、领导、对任务负全责的角色；C（Consulted）——辅助、配合执行任务的人员；I（Informed）——拥有知情权，应及时得到通知的人员。

通过使用RACI责任分配矩阵，团队成员在那些具体项目活动中的职责能够得到清晰划定和分派，这对明确工作职责、促进彼此间的协作、配合，确保工作的顺利执行非常重要。不过，责任分配矩阵这种工具虽然看起来挺简单，但是在使用过程中，有一些关键的原则项目经理必须要准确掌握，否则它的效果就可能会打折扣。

第一个原则就是由项目团队集体编制责任分配矩阵。在现实工作中，有些项目经理习惯采取"派工"的方式，即根据自己对工作任务和团队成员的了解和掌握，亲自为每个人分配任务职责。而实践中，采取这种办法的项目经理经常会发现，这些看起来既清晰又合理的工作责任却往往很难被"派"下去！

造成这种结果的原因很简单：项目经理缺乏足够的权力。在很多行业、领域中，项目经理权力有限是一个难以改变的客观事实。虽然在项目章程里，作为项目工作的负责人，项目经理会被赋予一定的权力，用以在项目期间调用资源、管理团队，并最终实现目标，但是作为一项具体任务的负责人，项目经理通常都不具有更高的行政职务，与其他员工相比，他们只是那些经验更丰富、能力更突出、同时也更能得到领导信任的普通员工或基层负责人。所以在实际工作中，很多项目经理主要依靠出色的沟通、协调能力来达到目的，而不是通过运用权力发号施令。

为了能让每个人的工作职责都能清晰落地，编制责任分配矩阵的活动就应该由项目团队集体完成，即在项目经理的带领下，团队成员共同参与编制。最理想的情况是每个人主动认领工作职责：结合具体工作的特点和自身的能力、条件，自己主动承担相应的责任。这相当于一种个人对团队的承诺，承诺者自己会更严肃认真地对待和执行。当然，通常也会有一些工作活动，由于复杂性偏高，难度比较大，或者活动本身比较枯燥、乏味，因此未必会有人愿意主动承担。遇到这种情况的时候，项目经理可以利用自己项目负责人的特定身份，适当使用硬性分派的方式，同时辅以必要的解释和鼓励："这个活动确实比较有难度，但是也需要有人牵头负责。小张，要不你就把这个任务承担下来，由你来牵头，具体实施中遇到了问题我们再一起商量，及时解决。"通过这种公开、民主的方式，更可能让具体活动的职责划分得到团队成员的认可。各项任务的责任落实到人，在执行的时候才能做到各司其职，各尽其责。

第二个原则，每项活动中，"负责"的角色必须唯一。团队在一起编写责任分配矩阵的时候，具体职责的描述可以如RACI这样的划分，也可以结合自己项目活动的特点，来确定必要的工作责任。不论用英文缩写，还是用汉语拼音字母，在职责的不同维度划分中，总少不了一个对具体活动"负全责"的角色。实践中的经验教训告诉我们，不管其他职责如何分配，如果某项活动中出现了两个人都声称对工作负全责的话，当需要做出决策或承担相应责任时，最终的结果如何呢？肯定是谁都不负责！

还是以RACI责任分配矩阵为例。由于工作的复杂性，执行过程中需要多人执行，即承担R责任的人允许不是唯一；参与配合、协调的人，即承担C责任的人当然也可以不唯一；不参与具体任务，但是应该对工作进展情况有所了解的人，即承担I责任的人通常更多。但是为了避免出现管理、决策责任的推诿、模糊，那些承担领导、管理职责的人，即承担A责任的人，在每项活动中都必须是唯一的。这在编制责任分配矩阵的过程要特别注意。

第三个重要原则是，合理分配职责。设想一种情况，在RACI矩阵表中，如果项目经理和某领域的技术专家也参与责任分配的时候会出现什么情况呢？恐怕他们名下会出现一连串的A和R（也可能是C）！

由于项目经理和技术专家在权力、能力等方面不同于普通团队成员的特殊身份，他们往往会被赋予比一般人更大的责任，承担更多的任务。俗话说，能力越大，责任越大，多承担一份职责也是应该的，但是要注意度的把握。如果忽略了个人的实际精力、能力，一味地把职责、任务推给他们，表面上看做到了人尽其才，责任落地，其实是一种盲目、不负责的行为：既对人不负责，也对工作不负责。因为一个人如果被赋予了超出他们个人能力、精力的职责，其实等同于相应的工作没有人去承担相应的责任，这样的责任分配自然也是无效的。所以，根据每个人的特点、能力，合理分配职责，才能确保工作责任真正落地，得到切实的执行。

责任分配矩阵这个工具在项目管理过程中不可或缺，它虽然形式简单、使用方便，但是在具体应用时，应该特别注意遵循上述重要的原则，这样才能让项目工作责任清晰、分工明确，减少互相推诿、扯皮的情况发生。

📝【情境回顾】

1. 责任分配矩阵的编制应该由团队集体讨论完成，而不是让项目经理"派工"。
2. 每项具体活动的职责分配中，"负全责"的角色一定要唯一。
3. 应当合理分配工作责任，不要让少数人承担了过多、过重的责任。

众人拾柴，整合资源破难题

【情境再现】

　　C公司是一家数据库软件开发企业，专门为客户提供定制开发产品。它的客户群非常广泛，从私企到国企、央企，还包括政府部门。2年前，C公司中标了某部委的业务数据管理系统项目，涉及全国所有省一级部门，合同期为1年。

　　周云是C公司经验丰富的项目经理，被任命负责该项目的实施工作。他根据以往的经验，组建团队、编制计划、主动与客户项目负责人接洽、随时跟踪各地项目问题并协调研发、测试部门同步跟进。虽然工作压力巨大，但辛苦的付出总算得到了回报，在他的严格管理下，不但项目工作总体按计划向前稳步推进，而且客户对周云的项目管理工作非常认可，多次在双方领导出席的阶段总结会上表扬他的认真和专业。在年底的工作述职和评审会上，周云因为出色的工作业绩，被评选为年度优秀项目经理。

　　就在项目进展顺利，系统即将正式上线的时候，周云突然接到客户通知，因为政策发生调整，当前系统暂缓上线，所有工作暂时搁置，等候进一步的通知。周云每次和客户联系，得到的答复都是"不能确定""再等等"，这一等就是大半年！按照合同及公司的考核规定，两个月前就应该完成验收了，但是系统上线还是遥遥无期。周云提出能否针对当前系统做"线下验收"，但是客户负责人以没有接到上级通知，并且没上线的项目不满足合同验收条件为由，拒绝验收已经完成的系统。

因为项目不能按时验收，根据公司的考核规则，周云作为项目经理已经连着两个月被扣罚绩效工资，并且该项目团队因为项目没有结束，客户随时要求做各种测试，大量的人力资源无法撤出，其他项目也受到了牵连。

之前周云服务的主要客户都是企业，与政府部门打交道还是第一次。针对这种情况，作为项目经理，周云应该如何处理，怎样做才能让项目安全收尾呢？

【情境分析】

每个项目在生命周期里都躲不开风险，一定程度上，对风险管理的有效性直接决定了项目的成败。上面情境中描述的情况就是一种典型的风险：不确定的政策调整严重影响了项目工作的正常推进。

为了确保项目工作在充满风险的环境中完成，项目经理应该带领团队做好全过程的风险管理活动。按照项目管理知识体系的原则，风险管理的核心思想是做好尽可能充分的事前管理，包括提前、充分地识别风险，合理全面地评估影响，在以往经验教训的基础上提前规划出具有效的预防措施和应急措施。有了这些充分的事前准备，就能够将"救火"变成"防火"，让项目中的各种风险得到合理管控，即使风险发生了，也能根据事前书面记录下来的具体方法，按图索骥，从容应对。

虽然项目经理是项目工作的第一责任人，要对目标的达成承担责任，但是在项目生命周期的整个过程中，发生在项目中的所有风险，项目经理和团队却不一定都能成功地应对、解决，因为总会有一些风险的影响超过了项目的范围，或者对应解决风险所需要消耗的资源、成本超出了项目经理的权限！这种情况在真实的项目中其实并不罕见，上面情境中所描述的就是这种项目经理无法控制和应对的风险。

针对这种"超纲"的风险，项目经理和团队应该怎么办呢？要靠"整合式管理"。什么是整合？就是针对风险问题，组织上上下下都要动起来，在不同层面上采取各种方式、方法，齐抓共管、各司其职，就像应对疫情一样，对风险问题打歼灭战！在第六版《项目管理知识体系指南》中，关于风险应对策略的描述中，就增加了一种手段：上报。通过及时上报的方式，让掌握更多资源、拥有更大权力的高层领导知晓，并参与到风险管理活动中来，将有助于那些重大风险得到实质性的缓解、应对。

风险上报的目的是动用更有效的资源和方法来管理风险，而不是简单地"甩包袱"。项目经理首先要对具体的风险有全面、准确的分析评估，为风险"定性"，同时在上报风险的时候，务必要清晰地表达出该风险对当前项目工作所造成的具体威胁、影响，这对于引起接受风险的对应责任人的重视程度非常重要。如果有可能，项目经理还应该给出自己针对风险应对的具体建议，作为后续风险管理活动的参考。

既然是整合式的管理原则，组织内各个层级的责任人都应该保持积极主动的态度。除了项目经理要主动上报那些超出职责、权限范围的风险，对于被上报的风险，组织中的相关人员必须承担对应的责任，这一点也非常重要。为了避免出现推诿、扯皮的情况发生，应该在项目一开始就将风险管理的上报原则作为制度明确下来，比如作为项目经理的获得的权力之一，体现在项目章程里。能得到高层领导、发起人的授权批准，将极大提高被上报风险得到有效管理的可能性。

既然叫"上报"，显然是把那些"超纲"的风险交由职位、级别更高的人去应对。但是项目经理解决不了风险的就是"超纲"的风险吗？在风险管理活动中，项目经理还要牢记一个原则：自己不是一个人在战斗！在执行复杂项目的时候，最常见的矩阵式组织结构的特点就是多部门参与，多职能协作，通过多方的相互支持与配合来完成项目目标。因此，在遇到风险、遇到问题的时候，项目经理要善于分解自己身上的压力，善于寻求那些与自己平级的资源和帮助。最有效的一类资源就是市场人员。

大多数的商业项目中，都会包括前期的市场销售环节。作为实施与交付项目成果的项目经理，一定不要忽视自己身边最重要、最有效的资源之一，就是市场人员，因为他们往往具备项目经理所不具备的独特优势！什么优势呢？就是他们的客户关系。由工作性质决定的，市场人员有比项目经理更良好的客户关系，他们能够见到更高层次的客户，能够见到决策链上更关键、甚至顶端的那些有更大决策权的客户，这往往是项目经理没有办法比拟的一个优势。

在项目实施过程中，那些与项目经理直接接触的相关方一般来说不会有太大的权力，比如客户方的技术主管、基层领导、中层领导，通常也就到这个层面了。但是那些站在决策链顶端的相关方，他们一般不会关心细节的技术问题，他们可能更看重的是结果，看重的是里程碑。而这些人恰恰是我们客户经理每天要打交道、要面对的，他们有客户关系的优势，项目经理敲不开的门，他们可以敲开，项目经理说不上的话，他们能够反映上去，所以这些市场人员一定是项目经理最好的帮手，他们能够帮助解决项目工作中遇到的那些让项目经理头疼的风险和困难。在项目经理这个层面上可能完全无解的问题，也许高层领导的一句话就烟消云散了，所以一定要把身边市场人员这个有效的资源充分地用起来。

上面说的无论是将风险上报给更高层级的领导解决，还是积极主动协调平级的市场资源，都是基于那些"能解决的"风险。但是如果项目中遇到了"不能解决的"风险，比如上面情境中提到的，因为政策原因导致的项目工作停滞，应该怎么办呢？

政策属于典型的项目外部事业环境，是所有干系人都只能遵守、接受的制约因素。由这种刚性因素引发的风险，项目经理同样可以有一定的作为：接受。既然不能改变，就要接受风险引起的后果，以政策导致项目工作停滞为例，项目经理接下来应该做的就是及时与客户签订"停工报告"。

项目活动暂停了，原定工作无法按计划实施，特别是复工期限难以确定的时候，有经验的项目经理都会及时与客户签订"停工报告"。在这份双方确认的正式文件中，会详细记录项目的当前状态，特别是停工的具体原因。有了正式的"停工报告"，对外，项目才能正式进入"暂停"状态，对应的团队资源、设备资源也才有机会得到合理的疏解、利用；对内，项目经理也能有一个合理的交代，在面对类似考核等问题时，"停工报告"通常可以作为一定的有效凭证。

项目风险无法杜绝，管好风险是项目经理最重要的责任之一。俗话说，众人拾柴火焰高。通过整合式管理，充分协调各方面的力量，包括高层资源，将有助于项目工作的稳步实施。

📝 【情境回顾】

1. 风险管理应该采取"整合式管理"方式，各个层级都要参与进来。

2. 超出项目经理责任、权限的风险，要及时上报给对应高层的责任人承担并解决。

3. 项目经理要善于协调、调动包括市场人员在内的各方资源来解决项目风险。

4. 由特定制约因素导致的项目停滞，项目经理应该及时与客户签订正式的"停工报告"。

沟通有序，维护项目"潜规则"

  8年前，朱强刚刚毕业不久，当时还没有成家，父母身体也很健康，正是无牵无挂的时候。正好H公司海外项目招聘工程师，朱强凭借出色的外语和过硬的产品技术被录用了。经过2个多月的集中培训，他被派到了H公司的北非片区。一晃5年过去了，朱强从产品工程师变成了项目经理，经验和能力都得到了很大提升，收入也有了明显增加。

  虽然事业发展顺利，但总是在离家万里的地方"飘着"也不是个事儿。朱强有了回国的打算。他把自己这个想法告诉了当初和他一起入职，目前在H公司国内某分公司工作的同伴。真是太巧了，对方告诉他，他们那里正好有一个项目经理的空缺！赶得早不如赶得巧，朱强一边通过自己的同伴将简历发给了国内分公司的HR，一边向自己的领导提出了调回国内的要求。因为符合公司的人员回流政策，没多久，他的调动手续就办好了。

  对于新的项目经理的岗位，朱强信心满满。自己在海外这些年也没少做大项目，能力和经验绝对没问题！可是很快，回国的喜悦就被新工作带来的困扰冲刷得一干二净！以前做国外的项目，公司都是全权授权项目经理与客户沟通项目的相关事宜，除非涉及甲乙双方战略层面的问题，需要两边的高层直接接触，项目经理基本上能够做到以负责人的身份面对客户提出的所有正常需求。

同样是项目经理，正在实施的国内项目中，朱强发现自己不得不面对一个很尴尬的问题。这个国内客户的不少项目需求部门，居然就项目中的各种事宜直接联系到自己所在分公司的高层领导！更要命的是，高层领导出于市场因素的考虑，总是在第一时间就答应了客户的要求！这样做的直接结果，就是他作为项目经理的权威没有了，那些客户经常会绕过他直接与高层接洽，这让朱强感觉自己的工作越来越被动。

遇到这种客户绕过项目经理直接与高层领导沟通的问题，项目经理应该怎么做呢？

✍【情境分析】

职场上有不少所谓的"潜规则"，通常情况下，大家都会心知肚明地遵守。这里要认真地做个澄清："潜规则"并不一定都是坏的！那些在实践中被大家默认、接受，并成为约定俗成的行为准则，很多都有利于组织秩序的稳定和工作过程的规范，尽管它们通常都没有被写在企业的员工手册里。其中，避免越级沟通绝对算是比较经典的一条！

稍有工作经验或社会阅历的人都知道，正常情况下问题要逐级反馈。以职能型组织结构为例，科员需要反馈问题应该先找科长，科长再去找处长。反过来也是如此，处长有什么事要交代，一定先告诉科长，科长再通知到科员。不论自下而上还是自上而下，如果不遵守这个规矩，直接捅上天或一竿子插到底，最难受的就是被夹在中间的那个角色。

上面项目情境中就出现了违反"潜规则"的情况。客户绕过项目经理，直接与项目经理的领导沟通问题、需求，这显然给项目经理造成了极大的压力。出现这种"低级错误"的原因不外以下几种。

第一种情况：客户不信任项目经理。如果在项目工作中，不论与项目经理沟通什么事，得到的答复都是"您稍等，我请示一下领导"，这样的项目经理显然难以得到客户的信任，在对方看来，你就是个负责干活的"传声筒"！特别是遇到一些比较紧急、重要的事情需要沟通的时候，对于客户而言，有等你请示领导的空儿，我不如直接找你领导了！

第二种情况：客户惧怕项目经理。这里的"惧怕"往往源自项目经理的不变通，不好说话，"认死理儿"。在一些客户眼中，有些项目经理在工作中太死板，不管什么事都要走流程、按规范，简直是"拿着鸡毛当令箭"！遇到着急的事，等你走完流程都已经耽误了，我还是直接找你领导吧！

第三种情况：客户想体现自己的优越感。确实有这种客户，特别是在那种竞争激烈的行业，一旦当了甲方，基本上就会被一帮乙方全天候围着团团转，除了生理需要，基本上不需要"亲自"做什么了！在他们看来，乙方的项目经理不过是一帮"臣服"的仆人，你们领导都要给我三分面子，让你干什么就得干什么！

其他情况：情商偏低，脑子里没有"潜规则"的概念。俗话说，林子大了什么鸟都有！如果碰上那种人情世故淡薄，做事不考虑他人感受的客户，也会出现有事绕过项目经理直接找领导的情况发生。

找到了病症，接下来就可以对症下药了。应对第一种情况，最好的解决办法就是给项目经理充分且必要的授权。项目经理是项目目标达成的第一责任人，在客户面前，也是企业形象的直接体现。领导将项目工作交给了项目经理，除了相关的责任以外，还需要给予足够的信任——授权。组建团队的权力、使用特定资源的权力、考核与奖惩团队成员的权力、一定额度内支出某些特定费用的权力、项目工作范围内必要的决策权力等。当然，究竟需要什么权力，包括权力的大小，最好由承担任务的项目经理根据具体的项目工作需要自己提出，高层领导在审批后给予授权。在项目管理知识体系中，项目章程就起到了任命项目经理，给项目经理授权的作用。有了适当的权力，项目经理在与客户沟通的过程中就能更加自主地审时度势，积极主动地做出有效回应。能直接、高效地从项目经理那里获得自己想要的结果，客户也就不会再去向项目经理的领导寻求答复了。

应对第二种情况，项目经理要主动从自身的调整做起。不是说坚持原则错了，没有规矩不成方圆，只有在原则的约束下完成工作，项目达成目标的概率才能够得到提升。但是项目经理要意识到，所谓的原则不是只针对自己，在项目工作中，每个干系人都要理解和接受原则。为了让正确的原则和规范得到顺利执行，项目经理必须做好客户的沟通、解释工作。要让客户了解自己项目中的相关流程、制度，最好的办法就是与客户一起制定流程、制度！比如信息沟通计划、问题反馈流程、变更评审制度等。让所有重要的干系人清楚地知道，所有的规范都是为项目服务，为客户服务的。当然，如果遇到了一些突发、紧急的情况，应该有必要的"绿色通道"流程，做到特事特办，最大限度地满足工作的需要。在赢得客户理解的情况下，直接的沟通流畅了，那种越级找领导的现象就能得到显著的缓解。

对于第三种情况，不要说项目经理，恐怕连高层领导自己也会感觉比较被动！面对强势的客户，作为乙方更多时候恐怕只能遵从。这种情况下，项目经理不妨主动和高层领导做好沟通，说明自己的困扰。其实，这种"越级上访"的方式对高层领导来说也是件头疼的事！既然客户强势，不如自己提前做好准备，比如谁唱红脸谁唱白脸事先分好工。如果客户直接找到高层领导提出某些要求，不论结果如何，一定要尽快让项目经理知道，以便及时应对。"篡改"一下网上的段子：对于项目经理来说，没有什么问题不是资源能解决的，如果有，那就再补充些资源！高层领导给出的答复，一定也是基于某种目的或需要，让项目经理及时做好准备，并提供必要的支持，才能让领导给客户的答复真正落地。

其实，经验丰富的项目经理都有体会，那些"飞扬跋扈"的甲方大多数都是那种职位并不太高，权力也相对有限的所谓"接口人"，而那些真正位高权重的客户，往往并不会过多关注项目的细节问题。所以遇到了难缠的甲方，不妨"借力打力"，请市场人员和领导从更高的层面上与客户接洽，说明信息传递的规范流程和项目经理的职责权限，让对方管好自己的手下。必要的时候，这种稍显"激进"的手段也能发挥不错的效果。

最后，如果真的碰到那种情商偏低的别扭人，项目经理一定要提前和自己的高层领导打好招呼，千万不要轻易答应他们提出的任何问题！应该明确地告知对方按流程办事，有问题去找项目经理。和这种人打交道，项目经理一定要做好"自我保护"工作，包括严格执行规范，工作中尽量留下文字记录。否则，很可能自己被投诉了都不知道为什么！

项目中客户有需求是很正常的，正常的需求要通过正常的途径反馈，给项目经理提供一个正常的工作氛围，才能得到最积极有效的回应，坚持项目工作中的那些有益的"潜规则"也很重要。

【情境回顾】

1. 给项目经理充分且必要的授权，有利于减少客户绕过项目经理直接和高层领导表达需求的情况。

2. 项目经理应该主动与客户沟通或共同制定并遵守项目中的沟通流程。

3. 如果遇到了强势的客户，项目经理应该和高层领导相互配合，及时做好应对准备。必要时可以通过"高层路线"约束客户的行为。

4. 一旦碰到低情商的客户，项目经理除了提前与高层领导打好招呼、严格按流程执行以外，还要留意做好类似保留证据等"自保"工作。

坚持规范，要以不变应万变

【情境再现】

孙军是R公司一名经验丰富的项目经理，最近被领导调入公司的PMO，负责各个项目的考核标准制定与监督工作。孙军根据自己以往的项目经历，将项目实施周期、项目规范度、验收周期、回款周期、计划执行、问题清单关闭率、客户满意度、文档归档的及时性、准确性等内容纳入了考核的范围。

做项目经理，管理一个具体的项目，孙军确实是一把好手，可是当面对公司众多项目的时候，孙军发现自己遇到了新问题：在不同的客户现场，最终用户要求标准和程度是不一样的！有的项目的客户要求非常严格，包括对文档的质量要求、产品性能指标、安全性等方面都提出了很高的标准。这让团队的工作量大大增加，加班成了常态，偶尔还会出现返工的现象，结果往往是项目的绩效不能满足考核要求，这让团队成员少不了牢骚和抱怨。而有些客户的要求就宽松很多，只要达到了基本要求就可以了，很少提出什么问题，不但项目开展相当顺利，考核成绩自然也很好。

这让负责考核的孙军感到很为难。那些因为客户要求精益求精而天天加班的同事，付出了更多的精力和辛苦，考核成绩却表现平平；而那些因为客户要求宽松的同事，只要按部就班就能在考核中轻松得到更高的分数！考核的根本原则是公平、公正，孙军想通过增加项目难度系数的方式做到相对平衡，但实施的时候又发现，不是所有情况都能够量化的，如果硬性增加系数，又会给项目的考核带来复杂的问题。

孙军应该如何应对这种因为客户要求标准不一致而引起的考核偏差呢？

【情境分析】

上述情境广泛存在于我们的项目管理活动中。先不提PMO，站在项目经理的角度，遇到一个"好说话"的客户，和遇到一个"较真儿""事儿多"的客户，项目经理的体验可谓"冰火两重天"！前者可能轻轻松松就搞定项目，而后者却能让人焦头烂额，心力交瘁！

很多项目经理在解决项目问题、应对客户需求的时候，采取的都是"以万变应万变"的方式。所谓"兵来将挡，水来土掩"，见招拆招，随机应变。这种做法确实有它积极的一面：尽可能充分地满足各种个性化的要求，从而最大限度地提升客户满意度。但是，这种做法的问题在于，项目能否获得良好的结果，更多取决于项目经理和团队的主观经验、能力，包括他们能获得的资源和支持状况。另外，客观上资源和精力是有限的，而理论上的需求是无限的，用有限的资源和精力去满足无限的需求，总会有力不从心、鞭长莫及的尴尬和无奈。更糟糕的是，在这种客户主导的项目中，团队被客户牵着走，一旦需求不能得到充分的满足，满意度的下滑可能是断崖式的：辛辛苦苦大半年，一夜回到"解放前"！客户和团队都不满意，那真是项目经理的噩梦！

与那种"以万变应万变"的做法不同，正确的打开方式应该是"以不变应万变"。换句话说，从被动地被客户牵着走，变成走自己的路，甚至是"牵着客户走"，而最终的结果，是实现客户与项目团队的双赢。

怎样让项目做到如此"完美"呢？我们首先要搞清楚，这里的"不变"和"万变"都是什么。不变的，是管理理论，是以项目管理知识体系为代表的、规范的方法、思路、工具、技术。很多项目经理对于理论的认知是需要修正的。相比理论，他们更看重经验，认为经验更贴近工作，更能起到立竿见影的效果。工作中遇到了问题，这次用这种方法顺利解决了，下次再遇到类似的问题，就还用这种方法解决。而理论呢，且不说有多么枯燥、拗口，光那一句"理论上如何如何"，就给人一种摇头晃脑、纸上谈兵的感觉：跟实际工作相去甚远，太不接地气！

理论真的只是高高在上，看起来很美的绣花枕头吗？当然不是！理论来自经验，不论自然科学还是社会科学，所有的理论都源于对现实世界、实践活动经验的观察研究和总结提炼。经验确实是有价值的，但是经验的局限性在于掺杂了太多的背景信息、环境因素。此时此地能够成功解决问题的经验，到了彼时彼地，未必依然能起到药到病除的作用。不同行业、领域的经验，彼此间互通互用的概率更是大打折扣。理论与经验的根本区别在于，理论将经验的各种背景条件、环境因素做了最简化处理，从而让自身的普适性得到了提升。

项目管理理论也是如此，它源于实践，因此可以反过来指导实践。在项目管理活动中，如果我们的每一项工作都能在理论上找到依据，我们就能沿着一条正确的路线走到项目成功的终点。因此，当我们掌握了这些理论，也就抓住了正确做事与成功管理项目的钥匙。如果抛开理论，仅凭经验，就只能见招拆招，所谓"看山是山，看水是水"，有经验套经验，没经验蒙着干！这也就是我们前面提到的那种"以万变应万变"的状态，项目经理四处"救火"，项目团队疲于应对。如果有了项目管理理论作为依据，我们就掌握了应该做什么、不应该做什么的原则。坚持原则不变，项目工作才有可能按照正确的方向得到推进。

"不变"的是理论原则，"万变"的是方法，是在理论原则的基础上，针对不同的情况，做出的各种合理的调整和具体的处置。不重视理论是一些项目经理的错误观点，还有一些项目经理走到了另一个极端：被理论束缚住了思想。在现实项目中，将理论生搬硬套，不考虑环境因素，不考虑具体背景，结果只能是"看山不是山，看水不是水"，处处碰壁，项目工作无法有效开展。

优秀的项目经理一定要思路灵活，懂得变通，但是这种灵活和变通是建立在不违背理论原则的基础之上的。以变更管理为例，项目管理知识体系告诉我们，变更一定要被书面记录，提出变更的干系人还需要签字确认。但是在现实的项目中，很多客户只是口头提出变更，他们不提供书面的记录。这种情况应该怎么办？口头就口头吧，谁让人家是客户呢！如果这样做，就是放弃了原则；没有书面的变更申请，我就不承认变更！这样做又显然过于教条。正确的变通方式可以是：我们自己书面记录，让变更落到纸上，然后请客户签字。如果客户坚持不签字呢？不签就不签吧，他不签我有什么办法？这就又放弃了原则。不行！不签字我就拒绝变更！这样又太死板了。这种情况下，在坚持原则的基础上，我们依然可以变通：你不签字没关系，我自己替你签上名字并将变更申请用电脑打印出来，用打印的方式记录客户的名字！当然，这种签字是没有什么法律效力的，但是毕竟让客户提出的变更申请得到了书面的记录、存档，为项目工作的顺利实施提供了必要的依据。这种坚持原则基础上的调整、变通，让具体问题能够得到更加圆满而规范的解决。对于这样的项目经理而言，有理论原则作为行动的指导，不论遇到什么情况，"看山还是山，看水还是水"！

回到一开始的情境。如果因为客户要求不同，团队完成工作的状态就不一样，只能说明团队在实施项目的过程中没有原则，完全是被客户牵着走。正确的做法应该是，我们自己要建立一套严格、规范的项目管理流程、标准。客户要求严格，我们通过规范、严谨的方式满足客户需要；即便客户要求简单、宽松，我们也应该以规范、严谨的标准完成应该完成的工作！通过规范约束行为，运用理论指导工作，以不变应万变，我们在面对不同客户的时候，就能做到更加地积极主动，同时，针对不同团队的考核也有了一致、明确的依据。当然，要想成功引导客户，还离不开充分的干系人沟通与管理，包括项目经理通过合同来规范客户的需求。这些内容我们将在其他情境中再做详细的解读。

📝【情境回顾】

1. 客户主导的项目中，项目经理如果放弃原则，"以万变应万变"，团队就会被客户牵着走，很难达成双方满意。

2. 重视经验的同时，也不能忽略了理论的价值和作用。

3. 坚持理论、原则的基础上，采用灵活多变的方法，能让项目中的问题得到更积极有效的应对和解决，实现双赢。

成本管理，基本原则要记牢

【情境再现】

    A公司是一家集研发、制造、销售、服务于一体的高科技企业，公司通过各种项目的实施获取利益。在大大小小的项目中，少不了的环节就是采购，包括采购各种原材料、配件、服务、器材等。相对于各种复杂程度不一的项目活动，采购工作原本是一个相对规范、严谨的过程，也有相应的流程、制度。但让高层倍感头疼的是，由于项目的整体计划做得不到位或有其他原因，导致很多采购任务都是加急的，这让那些规范、严谨的流程和制度经常变成摆设。而由此导致的直接问题就是库存积压、浪费严重、项目成本超支。在行业竞争日趋激烈、各种成本激增的大环境下，做好项目的成本控制是管理层必须面对的一个重要课题。强化成本管理、减少项目超支这一工作，已经是企业获得生存和发展最重要的手段。

    然而，口号喊得再响，流程制度再严格，如果不能让措施得到切实落地执行，制度和实施变成了两张皮，那么一切努力的价值都是零！从项目管理的角度看，强化成本管理应该如何操作呢？

✐【情境分析】

项目管理知识体系的十大知识领域中，包括成本管理，其重要性不言而喻。抛开各种具体的方法、工具、技术，我们看看做好项目成本管理的原则有哪些。首先，作为项目负责人，项目经理自身应该具备足够的成本意识和财务知识。通过培训与学习，项目经理要正确理解项目的成本。什么是想花的钱，什么是能花的钱，项目的预算构成包括什么，什么阶段可以花多少钱，到什么阶段兜里还剩多少钱……按照PMI人才能力三角形的定义，一名合格的项目经理需要具备战略和商务管理能力，这里边就包括了必要的项目成本意识和财务知识。

学习是掌握知识的重要途径，所以项目经理要学习成本管理的知识，掌握相关的工具与技术，包括成本估算、成本预算、成本控制等。但是，项目经理在管理项目的过程中，也必须得到相应的成本管控的权力。俗话说，不当家不知柴米贵。如果不给项目经理一定的"当家"权力，每花一分钱都要请示、报告，就等同于把人变成了推一步走一步的棋子，变成了只管拉车、不管看路的机器，管理好项目成本也就变成了一句空话。因此，在对项目经理提出成本绩效考核要求的同时，必须要给项目经理相应的授权：在一定额度范围内，使用特定资源，支出相关成本的权力。

按项目管理知识体系的描述，这种严肃的权力必须要清晰、准确地记录在项目章程文件中，还要得到发起人、高层领导等特定重要干系人的签字批准。在描述成本管控权力的时候，要特别注意清晰、准确。比如具体的资金额度，包括单笔支出额度和项目经理有权支配的总金额、资金的具体用途，如用于低值易耗品的采购，正常业务招待费用，项目团队成员的差旅费用，项目过程中可能发生的团队成员误餐补贴及偶尔的市内交通费用等。在描述项目经理成本支出权力的时候，很多项目经理都会犯一个小错误：把项目的预算当作自己的权力！要特别注意：项目的预算是经过领导认可和批准的、被用于项目活动的成本基准，不论是100万元还是1000万元，都是项目经理不允许超出的红线！预算的使用必须遵循按时间分配的计划，并且每个阶段的预算支出都要得到相关领导或部门的批准，因此项目预算的使用实际上是项目经理的责任，而不是权力！

另外，在申请财务权力的时候，还应该注意不要与公司既有的流程、制度相冲突。比如，在公司的财务权限规定中，不同级别的管理层都有明确的财务审批权限（额度），项目经理只能在相应的权限范围内才能获得授权。那些违背了公司既有制度的权限显然是不可能得到批准的。

强化成本管理的另一个重要原则，就是切忌简单粗暴、"一刀切"。以某家企业"降成本"的做法为例。迫于市场竞争给企业利润造成的压力，该公司高层领导明确提出，各个部门都要在当前基础上，无条件压缩10%的成本开支！既然是高层领导的要求，只能严格遵照执行，于是各个部门都开始挖空心思压缩成本。研发部门取消了所有人员的差旅费用，所有问题都被要求通过电话、网络解决；发货部门更换了费用更低的合作物流公司；生产部门减少了工人加班的补贴；市场部门取消了除一类客户以外的所有业务费用；交付部门因为员工出差多，统一降低交通、住宿标准；采购部门最直接：要求所有供应商都降价10%！这样，高层领导的要求得到了不折不扣的执行，公司的整体成本在很短时间内直线下降。

然而最终的结果又是什么呢？一线的复杂问题不能得到研发部门的及时解决，引发了客户投诉；物流价格的降低也导致了服务水平的下降，多次发生到货延迟和货物破损甚至丢失的情况；生产线工人的离职率上升，已经影响了正常发货；供货商因为利润太低，有的解除了合作关系，有的降低了供货的产品等级；最倒霉的是交付部门和市场部门，因为质量下降，现场出现了更多的故障，导致更多的客户投诉和出差，而市场部门又因为缺乏足够的市场费用来修复受损的客户关系，结果多个关键项目的投标都以失败告终。

在管控成本的过程中，那种自上而下、集权式的"一刀切"看起来立竿见影，但因为没有找到问题的根源，缺乏精准的聚焦，疾风骤雨过后，迎来的往往不是彩虹，而是满目疮痍，一片狼藉。什么是正确的做法呢？应该通过全流程认真地复盘，发现影响成本绩效的"洼地""黑洞"，特别是流程中存在的既有漏洞。根据精益管理理论，造成损失的最主要原因往往不是什么"重大缺陷"，而是那些看起来并不起眼，甚至已经被习以为常、视而不见的"跑冒滴漏"。比如研发部门提供的技术文档是否描述清晰，降低一线操作难度；物流部门能否确保每次发货地址准确，不产生二次物流费用；生产部门是不是严格执行了质量政策，保证设备的开箱合格率；交付部门有没有一个问题多次现场处理才得以解决的情况，造成差旅费超支……找准具体问题，才能做到有的放矢，通过优化流程、增加考核、问责来真正解决问题。否则，"胡庸医乱用虎狼药"，头疼医头，脚疼医脚，看似决心很大、力度不小，但是很难获得令人满意的效果。

第三个重要原则，要有必要的激励措施。在管理项目成本的工作中，该奖要奖，该罚要罚。奖罚的前提是要有标准，什么是标准？项目的预算就是标准。正常的项目支出应该以计划为基准，在综合兼顾进度、质量、范围、资源等多个因素的同时，满足成本预算要求。在管理项目过程中，不能为了满足单一的成本目标而损害了项目的其他关键要素。比较成熟且有效的评估工具，比如挣值技术，就可以更全面、客观地评价一个项目的真实绩效。

有了评价的结果，还要以结果为依据，让奖惩措施得到落地执行。趋利避害是人性的特点，公平公正的奖惩制度是提高项目绩效与优化成本管理最直接、最有效的驱动力。"节约的每一分钱都是利润"，这句话是真理，但只有让利润里一定比例的收益落到项目经理、项目团队成员的口袋里，大家才会真的去主动节约，去主动创造利润。另外，如果确实因为管理不当导致项目超支，项目经理，包括相关管理者，也必须相应地被处罚。当事者被板子打疼了，才会长记性，更重要的是，落地的处罚能让制度的严肃性得到体现。那种"高高举起，轻轻落下"的做法，无异于罚酒三杯，不但起不到必要的警示作用，而且很容易让人滋生松懈、消极的态度，给后续的工作留下隐患。

很多企业为了提升自己的管理水平，增强竞争力，都在学一些知名公司的拼搏、奉献精神。在行业竞争激烈、市场环境缺乏规范性的大背景下，一些企业提倡拼搏、奉献精神在一定程度上是必要的，但是能不能同时也学学其他公司的薪酬制度，学学人家的激励手段呢？对那些又要马儿跑得快，又要马儿少吃草的老板，借用《让子弹飞》里汤师爷的一句话形容就是："呸！恶心！"

不论什么行业、什么领域，良好的项目成本管理都是企业得以发展、壮大的核心要素。尽管在具体的成本管理活动中，有各种各样的方法、工具、流程、制度，但是只有遵守了上面提到的基本原则，才能真正让项目的成本得到有效的管理和控制。

【情境回顾】

1. 项目经理自身应该具备足够的成本意识和财务知识，要正确理解项目的成本。

2. 项目经理申请与财务相关的权力时，务必要具体、清晰、落地，并且不能与既有的流程、制度相违背。

3. 管控成本需要找到问题的根本原因，对症下药，切忌"一刀切"。

4. 控制成本也少不了必要的激励措施，做到奖罚分明。

要求苛刻，团队成员不配合

💬 【情境再现】

Q公司，目前处于产品型向项目型转变的时期。作为市场部的项目经理，姜华最近在负责管理一个受高层领导重视的银行项目。此项目为另一项目的二期，合同金额固定，若实际项目开支低于固定金额，则按照实际开支结算；若高于预定的固定金额，将按照该固定金额结算作为最终合同额。项目的交付方式为产品+定制开发（固定人月数）。

在项目实施的过程中，由于甲方人员发生变动（客户高层领导及对接的项目经理均发生了改变），这个项目的最初的诉求和想法也出现了变更。目前，客户方的新的项目负责人以"完成项目目标为目的"作为理由，提出了远超出原始约定工作量的需求（其中加入了基于其他因素的考虑）。更让姜华头疼的是，Q公司的销售人员也不愿配合与客户方的沟通，这导致项目实施团队的工作量及成本大大增加。可同时，这又是一个时效性很强的项目，客户提出的工期非常紧张，但团队成员又不固定，承担研发、设计、质量、实施等工作的团队成员都是从其他项目团队中临时借调来的。这些团队成员的想法更倾向于对行政上的职能领导负责，而对项目经理姜华提出的要求和工作安排却往往表现得比较消极。

当前，项目经理姜华面临的最大问题是：如何协调好个人、公司和客户方的利益？如何解决团队成员更倾向于对职能领导负责，而导致的工作安排不畅呢？

✍ 【情境分析】

在这个具体情境中，项目经理姜华遇到的一个令他头疼的问题就是团队成员不听话，他们"更倾向于对行政上的职能领导负责，而非该项目的项目经理"！这一问题的根本原因，就在于部门利益与项目利益之间发生了冲突。对于团队成员来说，自己的直接领导是其所在部门的职能负责人，比如部门经理。这些部门经理有权根据团队成员在工作中的表现决定他们的经济收益和长远发展。而项目经理虽然在名义上也是领导，但是这些人往往并没有更高的行政职务，甚至只是一些经验丰富、能力突出的普通员工。他们有限的权力只局限在项目工作范围之内，对团队成员个人利益的影响远小于那些部门领导。完成同样的工作，在部门经理那里可能会成为员工日后加薪晋级的依据，而在项目经理这里，也许只是一个未来项目中再次被选入团队的理由。由此看来，团队成员当然更乐于听从和完成自己部门领导安排的工作。

找到了这个深层次原因，项目经理就应该从症结入手，有意识地提高自己对团队成员的影响能力，主动地把团队成员"拉"到自己身边。实践中比较常见和有效的手段就是考核！通常情况下，人们都是"考核导向型"的——考核什么，就会重视什么。项目经理应该在项目启动之初，就有意识地主动争取到项目实施期间，自己对团队成员的考核权限。上面项目情境一开始就提到，这是一个受到高层领导重视的项目。这种项目往往意义特殊、责任重大，项目经理在承担更沉重的压力的同时，也有机会获得更多的关注与支持。

为了提高团队成员在项目工作中的积极性和主动性，他们在项目工作中的具体业绩表现应该被体现在个人的考核成绩中。项目工作中的表现在考核成绩中所占的比例越高，团队成员投入该项目工作中的精力就会越多，积极性和主动性也会明显提高。合理运用考核杠杆，可以有效改善项目经理对自己团队成员的管理效果。

当然，如果项目经理有机会为团队成员争取到有吸引力的物质激励，比如项目专项奖金、团队绩效奖金等，也不失为一种有效的权力手段，用这些看得见的物质激励、刺激和提高团队成员参与、从事项目活动的热情。不过，受制于组织结构、流程制度，甚至法律法规的约束，现实中更多的项目经理在财务、现金的使用、分配方面往往权力有限。在这种情况下，各种有效的团队建设活动，对团队成员适时、恰当的鼓励和赞扬等"软技巧"就成了项目经理们更可依赖的工具。总之，只要项目经理充分抓住了考核和激励这两样"法宝"，两手抓，两手都要硬，团队成员不听话的问题就能得到有效的解决。

这个项目情境中提到的另一个问题是"如何协调好个人、公司和客户方的利益"。从情境的描述中我们可以看到，该公司与客户签订的合同条款还是比较苛刻的：合同金额固定，若实际项目开支低于固定金额，则按照实际开支结算；若高于预定的固定金额，将按照该固定金额结算作为最终合同额。从这样一个甲方旱涝保收、乙方风险自理的合同中我们能感觉到这家公司所在的行业一定竞争非常激烈，甲方相对更加强势。在这样的大环境背景下，留给项目经理的协调空间往往不会太大，项目工作通常都会按客户的意志而推进、实施。情境中让项目经理头疼的问题是，在合同已经签订、合同额很难增加的情况下，客户关键干系人（客户方的高层领导及项目负责人）发生改变，进而导致最初合同中的需求大大增加，这给项目的实施带来了重大风险。

上面说了，在竞争激烈、甲方强势的背景下，项目经理很难对客户的需求说"不"，如何在满足客户需求的同时，也能兼顾到自己、团队及自己所在组织的利益呢？作为项目经理，能做的、该做的，一定要做好，比如严格、规范的工作流程。客户有权提出变更要求，项目经理即使很难拒绝，也要做到有理有据，比如应该以认真、负责的态度对待变更，要让变更的内容书面化、规范化，即使客户不愿填写类似"变更记录单"的文档，项目经理也应该主动替客户完成填写，并请对方签字确认。有些项目经理见到客户的第一反应就是心虚、胆怯，对客户提出的任何要求都唯唯诺诺、百依百顺，希望借此赢得对方的满意和好感。殊不知，无原则的承诺实际上是对客户最大的不负责——客户提需求的时候一味迎合，也许能获得一时的心理满足，但等到实施时无法兑现承诺了，让对方产生了被欺骗的感觉，后果会更严重。

当项目经理确实无力应对客户的种种需求时，应该充分发挥市场部门、客户经理，包括高层领导的作用。市场工作的特点决定了他们与客户，特别是客户高层有着比项目经理更密切的关系，一些问题的沟通和交流也会更顺畅、更有效。该情境开头提到，该公司处于从"产品型"向"项目型"转变的阶段。这里所谓的"项目型"，最大的特点就是需要多部门协作，共同配合，相互支持，以实现共同的项目目标。

不过具体情境中也专门提到"公司的销售人员也不愿配合与客户方的沟通"，并导致"项目实施团队的工作量及成本大大增加"。看看，自己人也不肯出手相帮！遇到这种情况，项目经理先别主观地认为自己碰到了"小人""坏人"，或者急着找领导"告状"，而是应该从干系人管理的角度认真思考一下：为什么他们不愿意配合呢？是因为他们的利益并没有因此而获得满足，还是因为他们的利益因此而受到了损害，抑或仅仅因为他们自以为自己的利益会因此而受到损害？多从利益牵引的角度探究，发现相关部门态度消极的深层次原因，才能采取更准确、有效的措施，让对方的态度得以改观。举个例子说，如果能将该项目最终验收的责任纳入公司销售人员的业绩考核，不用项目经理主动，他们自己就会积极参与到项目活动的推动工作中来。

结合上面具体的项目情境，这毕竟是一个转型中的公司，在项目活动中各部门之间出现缺乏配合、共同的项目利益概念不清晰等问题在所难免。还是回到项目情境的一开始，这是一个受到高层领导重视的项目，项目经理应该充分用好高层领导这个资源，毕竟大家都是为了公司的共同利益，没有根本上的冲突，通过高层领导协调，更有助于征得市场部门的理解和配合，甚至是高层领导的亲自支持。

总之，在项目启动之初，项目经理获得合理的授权，在执行过程中，善于激励和管理团队，并充分用好领导及相关部门的资源，是解决项目难题、最终实现目标的重要手段。

【情境回顾】

1. 项目经理充分抓住了考核和激励这两样"法宝"，团队成员"不听话""不服管"的问题就能得到有效的解决。

2. 在竞争激烈、甲方强势的背景下，项目经理更应该严格、规范地执行工作，而不是一味迎合。

3. 在面对客户问题的时候，项目经理要从干系人参与的角度，积极发挥市场部门、客户经理，包括高层领导的作用。

驻场服务，工程师变勤杂工

【情境再现】

姜晨所在的k公司前不久签了一单合同，客户是新成立的公司，项目团队要为其新建整体IT环境基础设施。整个项目进行得非常顺利，完全按照预定计划顺利完工。项目结束的时候，客户提出将合同中规定的为期3个月的系统试用期，变更为短期驻场运维，即厂家提供技术人员承担技术支持工作，客户方支付相关的额外费用。经过正式的合同变更后，驻场运维启动了。

由于是短期驻场，且属于原定项目的试用期，所以k公司要求项目经理姜晨继续负责这段时间的工作。在驻场启动前，姜晨已经与客户就具体的工作内容进行了详细沟通，并达成一致。

驻场工作开始一周后，现场工程师小孙反映说客户人不错，就是有点儿懒，总是让他扫地、打水什么的。因为小孙是刚毕业的大学生，姜晨认为可能是他太娇气了，所以就简单地做了些言语上的安抚，并没有认真了解情况。两周过去了，负责现场值的小孙又给姜晨打来了电话，这次他显得极为委屈，说不光扫地、打水，甚至连客户的私人快件也要他去取！这让姜晨意识到事情有些脱离正常轨道了。

这里要说明一下，客户的办公室在地下1.5层，也就是地下1层和地下2层之间的一个夹层里，这个位置是没有电梯的，要出门到地面，就得走1层半的楼梯。

姜晨进一步了解现场的情况后发现，驻场工程师小孙在现场确实做了大量不相干的活，除了规定的工作内容外，还要帮客户完成很多琐碎的杂务：从跑腿儿、传话、拿快递，到扫地、关灯、打水、沏茶！刚一开始，小孙只是想营造良好的客户关系，偶尔帮个忙，也觉得无所谓。可不料想越往后，自己做这些不相关的杂事居然就变成了常态，再后来自己简直就成了客户办公室的勤杂工！

这让项目经理姜晨也觉得很尴尬，无奈之下他只能将情况反映给了自己公司的客户经理，由客户经理直接找到对方的领导反映此事，才终于让问题得以解决。

【情境分析】

从这个项目情境的描述中可以看出，这家客户总体还是比较规范和友好的，比如在提出将原定的系统试用期变更为驻场运维的要求时，既按规范流程进行合同变更，同时也认可支付额外费用；再比如，在驻场工作启动之初，与项目经理就具体驻场工作内容进行详细沟通，并达成一致。这些表现对项目经理和团队来说，确实是非常有利的外部环境因素。

在这样的背景下，为了拉近客户距离，营造良好的合作氛围，合理地"镀金"——做一些正式工作以外的事情——是必要的，甚至也是必需的。在责任清晰的前提下，适当模糊工作界面，有利于让双方的合作更加和谐、流畅。但是，哪些是必须做的，哪些是可以做的，哪些是不能做的，确实是需要区别对待的。

首先，那些双方事先商定的具体工作活动，是必须要充分完成的。严格来说，这些工作内容已经受到合同条款的约束，是属于需要得到履行的合同内容，所以必须认真执行。在这个项目情境中，虽然没有明确说明驻场期间厂家工程师的具体工作细节，但是如下几项工作，在常见的IT／ICT系统保障活动中通常都是应该完成的。

（1）驻场期间的设备、系统的运行、维护数据记录。厂家安排驻场保障，就是为了在第一时间掌握新建系统的运行状况。全面、详细地记录相关运行数据，有助于及时发现问题和隐患，这些信息也是日后需要向客户移交的重要文档资料。

（2）突发故障的紧急处理。新建IT／ICT系统，在运行初期有可能因设备本身出现问题或操作、使用不当导致不同程度的故障。相比客户维护人员，厂家工程师对设备的技术性能、使用方式更熟悉，因而也能更迅速地发现和解决问题。

（3）对客户机房运维人员的培训与技术交接。厂家驻场工程师只是起到一个新系统试运行、磨合期间的安全过渡作用。通常情况下，后续长期的日常运维任务，还要由客户自己来承担。厂家有责任将必要的设备、系统运维技能传授给客户，这既有利于设备本身的安全运行，也是合理减轻厂家日后维护工作压力的有效方法。

在这个培训与技术交接过程中，双方应该在协商的基础上，由厂家提供明确、规范的技术文档，准备适当的课程材料，由客户指定具体交接的技术人员，以正式现场培训的方式完成技能转移。

其次，工程师的个人行为，在驻场期间也必须严格遵守客户机房规定的相关规范。例如，保持机房卫生，不在机房吸烟、进食，不把任何液体饮料带进机房，进入机房按规定更换服装、鞋帽，不在机房内从事与工作无关的活动，未经允许不得使用客户的电话、网络，不得触动其他厂家的任何设备，等等。

以上述这些事情为例，在合同条款中规定的各项工作都是必须要做且必须做好的，而下面这些事，则是在合理的范畴内可以做的。做得恰当，就能有效拉近客户关系；可是一旦把握不好"度"或方式，还可能起到相反的效果。

有经验的项目经理、项目团队成员都知道，在与客户打交道的过程中，在不违反原则的前提下适当模糊工作界面是十分必要的。该伸手伸把手，该帮忙帮下忙，就是俗话说的"有眼力见儿"，这非常有助于营造双方友好合作的氛围。上面情境中提到的帮忙打水、扫地、取快件，这些事情确实和工作无关，但是如果不影响正常工作、顺路、力所能及，偶尔为之也没有什么太大的问题。但是情境中描述的情况显然已经超出了合理的"度"的范围。客户机房人员肆无忌惮地把厂家工程师当作"勤杂工"任意驱使，显然在心理上已经没有了足够的尊重，双方已经超出了平等合作的范畴。

在这个问题上，项目经理是有一定责任的。事情发生之初，他只是针对工程师"新毕业大学生"的特定身份，主观地认定是"娇气"作怪，没有及时了解现场真实的状况，结果导致问题的进一步恶化。而驻场工程师小孙自己显然也有值得反思的不当行为。在开始的时候，他能在正常工作之余为客户做一些所谓的烦琐小事，说明他是在有意拉近与客户的距离，这种想法和行为无疑是正确的。但也许确实是因为刚刚踏入职场，这位新员工对自己的身份定位出现了偏差。原本与客户之间是平等的合作关系，从情境描述的背景可以看出，他自己主观上已经降低了自己的位置，甚至去迎合、讨好客户，这也是导致对方得寸进尺，最终令他不堪忍受的重要原因。

作为技术人员这一特定角色，在面对客户时既要保持礼貌、友好，同时也应有必要的严肃和认真，甚至应该树立自己必要的权威（主要是在技术方面）。当工程师对客户的要求感觉到不舒服，或者认为对方的行为已经超出了合理的范畴时，就应该及时、有策略地做出回应，比如以正式的工作活动为借口委婉地拒绝（如"我正在抄录设备数据，现在没有空""我需要准备技术文档，暂时走不开"等），或者通过自己的领导，通过正式渠道与客户沟通。总之，既要做到不卑不亢，也要考虑方式方法，在不损害对方面子的前提下，明确地传递自己的想法。

这类"可以做"的、工作以外的琐事确实有助于拉近与客户的关系，但一定要注意把握合理的"度"，如果刻意为之，往往不但收不到预想的效果，还可能会给自己带来麻烦。

在与客户相互配合的工作中，还有一些活动是项目经理和团队成员坚决不能做的，包括超出责任范围的越界行为（界面模糊的前提，一定是责任分清，在涉及双方责任的原则问题上，不能有丝毫马虎大意），违反任何一方的相关制度、原则的行为，以及损害任何一方的实际利益或潜在利益的行为。这些都是双方友好合作的基础和底线，任何时候都不能成为提高满意度、拉近客户关系的理由和借口，对此项目经理和团队成员必须高度重视，严格把握。

📝【情境回顾】

1. 在项目中，为了拉近客户距离，营造良好的合作氛围，做一些正式工作以外的事情是必要的，甚至也是必需的。

2. 受到合同条款约束，需要得到履行的合同内容，必须认真、充分地执行。

3. 在不违反原则的前提下适当模糊工作界面有利于融洽客户关系，但是要把握合理的"度"。

4. 不论以什么为目的，罔顾责任，违背原则、制度，损害任何一方利益的事情都坚决不能做。

中途接手，项目经理很为难

【情境再现】

　　苏雨是国内一家著名的汽车企业的研发部项目经理。受大环境影响，近几年商用车的市场需求出现了比较大的下滑，加之同行业竞争的加剧，企业利润面临严峻的挑战。在这样的背景下，经过慎重决策，高层启动了一个研发项目。该项目的总金额约2亿元人民币，总工期确定为3年，涉及公司内外近10个部门，总参与人数在40人左右。不过，由于资源紧张，公司的项目又多，参与的团队成员很多人都是兼职的，即同时还有其他项目工作要完成。

　　该项目战略意义很大，得到了上上下下各部门领导的关注。项目整体被划分为5个阶段，每个阶段都有明确的交付成果，并且这些阶段成果必须通过验收认可后，才能进入项目的下一个阶段。

　　在第一阶段收尾时出现了意外，阶段成果被公司董事长一票否决，需要返工完成。为了推动项目的顺利实施，公司领导撤换了原项目经理，考虑到苏雨技术管理经验丰富，于是专门安排他做这个项目的新任负责人。苏雨果然不负众望，在比较短的时间内，带领团队完成了项目的第一阶段活动，交付成果满足了高层领导的要求。公司领导对他的表现很满意，要求苏雨尽快开展下一阶段的工作，并答应会尽力给予支持。作为新任项目经理，苏雨当前面临的问题是：

（1）虽然前一段的工作进展比较顺利，但接下来的工作难度会更大，资源不足是最大的问题。

（2）如果短时间内没有明确的进展、成绩，来自领导的信任和支持力度会迅速降低。

（3）该项目框架性的进度计划已经被高层领导批准，各个关键的时间节点是明确的，但是马上要开展的工作内容却还没有头绪。

（4）苏雨感觉团队成员的参与热情、工作积极性不太高，他希望对部分人员进行替换，但是具体的工作还不能延误。

苏雨的技术能力没的说，中途接手这个项目，新官上任的"三把火"也算烧得不错，可是他自己心里也很清楚，如果上面这几个问题不能尽快得到有效的解决，后面的工作会变得更加麻烦。他应该怎么做呢？

✒【情境分析】

根据项目情境的背景描述，我们可以先归纳一下这个项目的优势：首先，这是一个公司层面的重大项目，领导高度关注，并且答应会尽力给予支持，所以优先级水平很高，在资源使用方面显然占有天然的优势；另外，新任命的项目经理确实有很丰富的经验，并通过实实在在的成绩确立了自己的地位和威信。但该项目所面临的问题也很突出，如上面列出的4条。按照项目管理知识体系的思路，当前项目状态处于一个新阶段的启动和规划时刻。此时，项目经理应该做好如下几件事。

首先，要明确新阶段的目标。上述情境中说明，该项目每个阶段都有明确的交付成果，所以应该以成果为导向，让所有项目参与者都能明确这一阶段需要达到的具体目标。鉴于上一阶段在成果验收时被高层领导否决的教训，应该同时明确成果验收的标准，而且越早明确标准，越有利于避免出现日后返工的情况。

接下来，应该尽可能全面地对新阶段项目工作中存在的干系人做出识别和评估。虽然干系人的范围十分广泛，但是在实践工作中，那些关键的干系人还是能够比较准确和全面地被识别出来的，比如决策链上的所有环节、重要的支持与配合部门，特别是外部的合作伙伴、负责关键任务的团队成员等。通过对干系人的识别，可以对应做出更深入的分析，明确他们对项目活动的具体影响，正确认识他们的利益诉求，这将有利于提前发现项目活动中的阻力和风险，避免或减轻那些源自干系人的阻力和风险的影响。

明确了关键干系人，理清了决策链，项目经理就要和团队一起完成具体的规划工作了。在项目情境中，项目经理当前面临的问题包括："该项目框架性的进度计划已经被高层领导批准，各个关键的时间节点是明确的，但是马上要开展的工作内容却还没有头绪。"这个难题可以使用项目管理活动中最重要的原则——渐进明细来破解。

很多真实的项目中，都会有相对明确的里程碑计划，即对一些关键阶段或节点给出明确的时间要求，有的还会用网络图的方式将整个项目生命周期表达出来，不但活动要素完整，逻辑关系也十分严谨、准确。但是在具体执行时，这些"看起来很美"的图表却往往发挥不了什么实质上的指导作用，甚至有些都成了摆设！其实，这种高层次的框架计划本身并没有什么问题，问题在于框架计划需要进一步地细化。对于一个历时1年以上的长期项目来说，在这种高层次的网络图中，每一个方框可能都代表着几周到几个月的工作内容，这种网络图不能起到"进度计划"的作用，充其量只能称为"网络框图"。特别是那些环境复杂、活动本身多变的项目，能提前做出1个月的进度计划安排已经不容易了。所以必须在框架计划约束内，对即将启动的活动做出更详细的规划，这才是真正指导团队的进度计划。

近期具体进度计划的编制，应该以团队的方式完成。在这个项目情境中，新任项目经理在经验和能力方面是具有优势的，这种专家的身份对项目经理自身权力的加强非常有利。但是专家身份同时也可能带来一定的负面影响：会降低团队成员的积极主动性，甚至会使他们的积极性受到抑制。所以项目经理应该有意识地发动团队，通过集体讨论的方式做出规划，这既有利于调动团队的积极性，同时还能使计划本身得到更广泛的接受，进而提高计划的可执行性。团队成员参与工作的积极性和主动性有一部分是来自可见的物质，比如收入、奖励，但也一定有非物质的成分，比如工作经验的积累、过程中获得的成就感、期望得到领导的认可等。在实际环境中，因权力及制度的制约，项目经理对团队成员个人物质收入的调控能力往往有限，因此更应该关注和尽量满足他们切实的、非物质方面的需求。例如，给他们更多参与规划、控制活动的机会，主动询问、倾听他们的建议，让团队成员体会到自己的价值，特别是有高层领导在场的时候，多给团队成员发言、表现的机会，等等。

当相对详细的计划编制出来后，对应于各项具体活动的资源、风险等问题也会变得更加清晰。所以接下来，应该针对项目计划，梳理出相对更详细的资源需求、风险事件，并形成类似风险登记册的文件。这个关键的大项目，从项目经理到团队成员，每个人都有各自的经验，但是如果只把这些经验放在自己的脑子里，真的出现了风险，也只能是见招拆招，被动应对。更重要的是，如果没有充分的事前规划，我们也很难清楚地知道缺少什么、需要什么。

上述项目情境中提到，"资源不足是最大的问题"。一般来说，任何项目都会遇到资源短缺的情况，作为项目经理，必须尽可能准确地知道项目的什么活动、在什么时间、需要什么样的资源，以及这种资源要用多久。对于优先级别较高的关键项目，获取资源有着天然的优势，但即便如此，也必须有明确的资源计划，才能获得最合理的资源满足。我们在向领导申请资源的时候，如果能事先给出明确的资源需求规划，并辅以合理的理由，获得支持的概率就会更高。站在领导的角度，也能更合理地为不同的项目分配更恰当的资源。通过为项目提供有效支持的方式参与项目，领导也能从中体会到成就感，这对项目工作和项目经理一定是有益的。

综上所述，针对这个具体的关键项目，新任项目经理苏雨应该明确新阶段的项目目标、细化眼前即将开始的工作计划、主动调动团队成员的积极主动性、梳理出明确的资源需求和风险应对措施，并据此向高层领导提出相应的支持要求。清晰、准确、合理的规划本身，就是项目成果的一部分，相信也能够得到领导的认可与信任。

📝【情境回顾】

1. 首先要让所有项目参与者都能明确特定阶段需要达到的具体目标，包括该阶段成果验收的标准。越早明确标准，越有利于避免出现日后返工的情况。

2. 尽可能全面地对新阶段项目工作中存在的干系人做出识别和评估，理解他们的利益诉求。

3. 通过"渐进明细"的方式制订项目计划，由团队共同参与完成。

4. 项目经理要做好团队激励工作，特别是精神方面的激励更要持续、有技巧地开展。

5. 即使得到领导的支持，也必须要有明确的资源计划，这样才能获得最合理的资源满足。

切莫大意，启动会议不简单

A公司承接TNS集团项目，项目经理曹杰已经在合同签订后拜访了客户，并与客户方的项目负责人王经理进行了沟通。经过近1周的准备，曹杰将启动会安排在下周一上午9:00—10:00举行。

为了让启动会起到较好的效果，曹杰打算邀请客户方的几位领导也来参加，于是准备和王经理电话沟通一下，但是一看时间，已经是周五下午5:00了。明天客户不上班，下周一上午会议就要召开了。曹杰有点着急了，这才发觉这一周光忙着和客户经理交接资料、组织团队、准备PPT，疏忽了与客户详细沟通启动会的事，于是匆匆忙忙地给王经理打电话。"嘟嘟——"，电话那边一直忙音。"这可怎么办？"曹杰紧张地自言自语道。继续打，电话那头还是一直"嘟嘟——"。大概10分钟过去了，王经理的电话总算接通了。

曹杰："喂，是王经理吗？我是A公司的项目经理曹杰！"

王经理："是我，曹经理好，请问有什么事吗？我这边马上要下班了！"

曹杰："哎呀，王经理有一件非常重要的事情要和您沟通。"

王经理："嗯，曹经理你说是什么事情，抓紧时间说，我明天还有几件很重要的事情需要处理，晚上还得回去准备点资料呢。"

曹杰："王经理，是这样的，我已经把下周一项目启动会的安排发E-mail给您了，不知道您有没有收到，请问您现在可以抽时间看看吗？"

王经理："啊？！下周一要开启动会现在你才来沟通会议内容？我这里一点准备都没有啊，你怎么不早点跟我沟通会议的具体事宜呢？你是怎么安排这事的呀，这么大的事情都不先和我沟通好，只是告诉我下周要开启动会，具体会议议程、参会人员、怎么组织都没有和我商量，你现在搞突然袭击？！"

曹杰拼命地道歉："是、是，王经理，这事儿是我的错，一忙起来就给疏忽了！您看这样好不好，辛苦您一下，我现在马上到您办公室来当面给您汇报一下启动会的组织安排。"

王经理沉默了很久，才回了一声："那你过来吧！我在办公室等你！"

【情境分析】

这个项目情境反映出了项目启动过程中几个方面的问题，包括启动会议召开的时点、与客户沟通中应该注意的细节，以及如何做好会议召开前的准备工作。

启动会应该在什么时候召开呢？一般来说，当项目经理接到任命，已经有了明确的目标和初步的核心团队成员后，就可以召开启动会了。这个时候召开的启动会，通常"形式大于内容"，只是作为一个项目的启动标志，同时让团队成员知晓项目的目标和意义，并获得相关领导和资源的支持。启动会的时间通常都比较短，会议议题也比较简单，一般包括宣读项目经理的任命文件（比如项目经理任命书或项目章程等）；项目经理简要介绍项目的工作情况；介绍参与项目工作的相关部门及具体团队的成员；项目涉及部门的领导讲话；如果有可能，应该尽量邀请更高层的领导参加会议，并做最后的总结发言。

内容看似简单，实际上启动会的作用却不可低估。通过这种正规、严肃的形式，让团队成员理解项目的重要性，进而认识到自己即将承担的工作的价值和意义，这将有助于调动大家的积极性和主动性，同时也有利于团队凝聚力的形成与加强。更重要的是，通过这种严肃的方式，将项目经理的职责和权力予以明确，并能在第一时间得到相关部门领导的认可和支持。这对日后项目工作的全面展开，项目经理获得这些部门的资源支持将起到很好的铺垫作用。特别是，如果能邀请到更高级别的领导出席，将非常有助于突显出该项目的重要性，这对加强项目经理的权力，赢得相关资源部门的重视和支持将很有帮助。

上述情境中，项目经理曹杰意识到要召开项目启动会，这一点上没有错，但是他的失误在于忽略了与客户的及时沟通。对于很多行业、领域的项目来说，大量的具体项目活动都是由项目团队及协作单位分别或配合完成的。但是，在项目实施过程中，客户的适度参与，将会对工作的执行与推进起到非常重要的促进作用。所以，很多情况下，除了要满足客户一方对工作进展的信息需要，在适当的情况下，还应该做好必要的客户参与活动，也就是将客户拉入我们的执行团队，让他们参与具体的项目工作活动，并承担一定的责任。这既有利于缓解团队资源紧张的矛盾，还能让客户体会到参与的成就感，进而更乐于促进项目工作的推进。联合召开项目启动会，就是一种很好的干系人参与活动。邀请客户项目接口人、相关部门负责人参加启动会，不但让客户一方知晓我们对该项目的重视程度，同时也可以让对方在第一时间清楚理解自己在项目执行过程中应该承担的相应责任。

然而，涉及客户一方在项目启动会上的所有安排、计划，都必须提前与对方做好充分的沟通。毕竟甲乙双方分属不同的单位，都有各自不同的工作习惯和计划安排。特别是在参会人员的邀请问题上，除了具体的行程、时间不要出现冲突外，在参会人员彼此之间的部门利益甚至个人关系等方面，更要做到考虑周全，不能出现疏漏。类似这种细节问题，仅凭项目经理个人是很难做到规划得准确、恰当的，这就需要与客户方的项目接口人做好充分的沟通、交流。在上面这个具体情境中，客户方的王经理就是最佳人选。他更熟悉自己单位的具体情况，可以更方便地把握分寸与尺度。

这个看似简单的问题，实际上有很多细节需要关注，包括领导发言的顺序、讲话内容的确定等，所以往往需要经历多次的沟通和交流。如果像上面项目情境中的样子，事到临头了搞"突然袭击"，不但会招致对方的反感，期望的会议目标也往往很难实现。特别是，启动会是一个项目的正式开端，如果刚刚开始就让客户感到不满，很容易使对方产生偏见，甚至质疑项目经理的态度和能力。一旦形成了这样的认知，将非常不利于未来项目工作的开展。

接下来我们再看看会议召开前应该做哪些准备工作。

　　会议，是一种最为严肃和正式的沟通形式，常用于讨论复杂问题，做出正式的决策。开会就要有结果，为了保证实现既定的目标，会议组织者必须在会前做好充分的准备工作，包括确定具体的会议时间地点、确定参会人员、编制会议议程、做好会议时间规划等，并将上述信息至少提前一天通知到具体参会人员（特别注意：这时候通知干系人仅仅是为了起到提醒的作用。具体内容的确定，一定是在与相关干系人协商并达成一致的基础上确定下来的）。在参会人员的确定上，一定要把握"相关"原则：与会议内容有直接关联的干系人才能参会，如果需要对方在会上发言，或者在会上做出任何决策、承诺，一般要在会议召开前通过单独沟通的方式对内容予以确认，以避免在会上出现议而不决或争执的情况。如果有某位关键干系人因故不能出席，并且没有其他远程参会的可能（比如通过电话、网络、多媒体设备等手段），除非有得到充分授权的替代者，否则宁可会议改期，也不要在关键干系人缺席或无权应答的替代者参与的情况下举行会议。因为关键干系人的缺席，这样的会议往往难以得到确切的结论，无法实现预期的会议目标。

　　项目启动会看似简单，但如果不注意上述细节，反而可能弄巧成拙，造成不良的影响，甚至给整个项目的实施过程埋下隐患，因此必须认真对待，不可掉以轻心。

📝【情境回顾】

1. 项目启动会能够帮助团队成员明确目标、提振团队士气、获得更多关注，有助于得到更多的资源和支持。

2. 项目启动会也是干系人合理参与项目的好机会，有助于干系人在第一时间清楚理解自己在项目执行过程中应该承担的相应责任。

3. 涉及客户一方在项目启动会上的所有安排、计划，都必须提前与对方做好充分的沟通。

4. 召开项目启动会需要提前沟通、确认议程，邀请相关人员参加，避免重要干系人缺席。

制订计划，客户偏偏不配合

  A公司为B公司实施ERP项目，目前正在准备进行第二阶段中的业务调研和流程梳理工作。根据与客户方接口人的事先沟通，这天下午A公司项目经理苏华和3位技术顾问按时来到了B公司的会议室。不一会儿，B公司的相关部门经理和几位业务骨干也按时到齐了。

  "大家好，按照我们制订的实施计划，下一步骤的工作内容是'业务流程现状梳理'。为了能更充分满足各位的真实需要，请大家结合自己的工作特点，在本周五下午4:00前把整理好的内容发到我们项目组的办公邮箱。"苏华对会议桌对面所有B公司的部门经理和业务骨干说道。

  "我们哪有时间搞这个呀，这几天我们天天晚上加班到10:00，连自己的本职工作都忙不过来，还搞这？！"销售部总监一脸的不满，高声说道。

  "是呀！我们自己已经忙得抬不起头了，你还给我们分配工作？！我们公司花了几百万让你们过来给我们实施，你们反倒给我们分活干，你们自己啥也不干吗？一天到晚就是动动嘴皮子，整天要这要那的！"采购部的行政助理一边用手指敲着桌面，一边皱着眉冲苏华嘟囔着。有这俩人一开头，不大一会儿的工夫，在座的所有部门经理、业务骨干都吵开了，会议室变得乱哄哄的。

"这个流程梳理工作是为了后续开发活动提供方向和原则，确实会给您各位增加些工作量，不过这样才能让新系统与您的工作需求更贴近，等新系统上线后，您用着就会更方便了。"看着眼前这帮一肚子不满的客户，苏华满脸堆笑地对销售总监解释道。

"非要让我们做也可以，但是现在我们这段时间真的很忙，3周之内可以按你说的提交，但是1周要完成，根本就不可能做完！"

"可是如果3周以后才提供反馈，我们就不能保证项目按时上线了。"苏华真有点儿着急了，他满脸焦虑地看着销售总监。

"大家刚刚说的确实也都是实际情况，我们公司现在正是业务旺季，大家真的没有时间和精力再分神搞这个了。其实你们都有丰富的经验，都是专家，我看这个流程梳理的工作还是请你身边这几位顾问帮忙做一下吧，我们大家都互相体谅一下嘛。"销售总监收回了刚刚那种咄咄逼人的态度，改用商量的口气说道。

"您工作忙我能理解，可是我们在其他客户那边都是这样分工的，主要也是为了确保最终系统满足客户需求，况且这3位专家也还有其他工作要做的。"

"我知道，但是……"

原本计划10分钟的会议，就这样吵吵嚷嚷地开了40分钟，直到下班也没有达成任何结果。眼看着合同中约定的工期越来越紧，客户又是这种消极被动的态度，苏华真不知道该怎么办了。

【情境分析】

这个项目情境突出反映了一个项目经理在工作中经常遇到的问题：如何在项目活动中做到合理地让干系人参与。在传统观念中，虽然项目是甲乙双方的合作，但大量具体的项目工作一般都是由乙方独自完成的，甲方只需要对阶段或最终的成功给予确认、验收即可，除了必要的配合，理论上对过程中的各项活动不需要有更多的直接参与。但是现实中越来越多的项目实践显示，如果团队能将客户资源合理引入项目，不但能够在一定程度上缓解团队自身资源紧张的问题，更有助于在工作中贴近客户，获取真实需求，这对顺利实现项目的目标将起到非常积极的作用。

干系人适度参与项目活动的好处很明显，但是如何能让干系人心甘情愿，甚至主动地参与到项目活动中来，为项目工作提供有益的帮助，却不是一件简单的事情。上面情境中，A公司为了能为B公司提供更符合具体需求、更具个性化的ERP系统，提出由客户协助提供"业务流程现状梳理"信息，可以说要求是合理的，也是站在有利于项目实施的角度提出的正当要求。但结果却受到了客户方一众干系人的反感，甚至抵制。问题出在哪里呢？

我们先来看一个成功引入干系人参与的例子：最敬业的交通协管员。随着汽车进入家庭，方便的同时也让城市的路面交通变得越来越拥堵。如今在很多地方，早晚交通高峰期的时候，我们总能在一些路口看到交通协管员的身影。他们配合交通警察，维护路面通行的顺畅。这些协管员分担了一部分交警的工作，并且确实起到了积极的作用，所以他们通常都会获得一定的报酬。然而，有这么一些协管员，不但负责敬业，而且分文不取，完全义务维护交通秩序。只是这些协管员"上岗"的时间比较特殊，只是每年的6月7日、8日两天，他们执勤的位置也有些特殊，只在一些学校的门口。说到这儿，大家都听明白了吧，这些所谓的"协管员"其实都是高考考生的家长！

高考期间，维护考点学校周边交通秩序的职责显然是交警的，但实际上有很多考生家长，也起到了维护、疏导交通的作用，而且他们不但义务执勤，还保证绝对尽职尽责！倒不是这些临时的协管员在道德层面有多么高尚，只是因为这个秩序的维护直接关系到他们自身的最大利益——自己的孩子苦读十几年，终于迎来了人生最关键的考试，通过对交通秩序的管控，尽可能为广大考生，当然也包括他们自己的孩子，提供一个相对更有利的考试环境，也算自己能贡献出的一分力量。这种积极主动的参与行为，当然和钱完全没有关系。

回到管理干系人参与项目活动这个话题上。邀请客户等项目团队以外的干系人参与项目活动，前提是一定要获得他们的理解和支持。一般来说，最能赢得理解的理由就是利益。如果相关项目，特别是相关具体活动能给这些干系人自身带来好处，他们通常就会支持项目工作，并乐于在能力、精力允许的情况下承担对应的活动责任。但如果情况相反，项目本身或具体活动会损害他们的自身利益，或者仅仅是干系人自己认为自己的利益会受到损害，他们就会对项目工作采取消极、反对的态度，甚至抵制这个项目或活动。因此，项目经理在实施干系人参与活动之前，一定要做好调查和沟通工作，让干系人对项目工作有正确的理解和认识，才能有效获得他们的支持，消除不必要的阻力。

在上面这个具体情境中，为了确保新的ERP系统更贴近客户的需要，由客户一方负责提供相关业务流程现状梳理的资料，道理上说对项目是有利的，对客户也是有利的。但是那些部门经理、业务骨干认为这个要求给自己增加了工作量，带来了麻烦，于是集体采取了消极、抵制的态度。这种表现引出了管理干系人参与活动的另一个特点，就是如何让必要的工作要求落地。虽然那位销售总监说"……你们都有丰富的经验，都是专家，我看还是请这几位顾问帮忙做一下吧，大家都互相体谅一下"，看起来对项目经理和专家充满了信心和信任，但这实际上只是他想推卸自己责任的一个借口，一旦项目经理接受了这个要求，根据自己的经验实施，可以想象待新系统上线后，一定会招来客户如潮的挑剔与不满。到那时候，这位销售总监恐怕就不会再认为"你们都有丰富的经验，都是专家"了！

所以，对于一些重要的工作，特别是涉及具体责任的问题时，项目经理一定要把握住底线，坚持原则。如果具体干系人对相关活动持有疑义或反对，除了尽可能地沟通、解释，必要情况下可能还需要借助一定层面的领导出面支持，比如以指令的方式将这些活动分派下去。当然，单纯地以命令方式摊派任务，往往也会招致抵触和反感，这时项目经理还应该充分发挥沟通技巧，做好安抚工作。比如对执行认真、满足要求的人，及时给予表扬和感谢。特别是如果让他们的领导也及时得知他们的良好表现，比如邮件告知或当面表扬，会让这些干系人在心理上获得一定的满足，进而更愿意完成后续的工作。

在很多行业、领域中，团队以外的干系人在条件允许的情况下，适当承担部分项目工作，对目标的顺利达成非常有帮助。合理把握参与的方式和程度，是项目经理应该多用心思考的问题。

✍ 【情境回顾】

1. 客户资源合理参与项目，有助于缓解团队自身资源紧张、获取真实需求、促进项目目标的实现。

2. 邀请团队以外的干系人参与项目活动，要获得他们的理解和支持。最能赢得理解的理由就是利益。

3. 涉及具体责任的问题时，项目经理要坚持原则。必要情况下可能还需要借助一定层面的领导出面支持。

大意失言，项目验收出意外

D公司是一家通信设备制造公司，为某大型石油企业承建了一套传输和话音交换设备。谢勇被任命为项目经理，负责完成具体的项目交付工作。这个项目的实施难度并不大，前期的安装、调试工作进展很顺利，客户也很配合，项目很快就进入了最后的收尾验收环节。当客户主动询问如何验收时，也可能是对自己公司的产品过于自信，项目经理谢勇居然随口说："就按你们的要求做吧，我们全力配合。"

该石油企业新建的这套系统是直接用于一线生产的，对设备的安全性、稳定性要求很高。由于客户自身对通信设备的具体技术细节并没有太多的了解，为了确保新系统在投入使用后万无一失，于是制定了一份异常详细、全面的技术验收测试规范，其中甚至有些内容属于设备入网测试的范畴，施工现场根本就不具备测试条件。

按当前客户给出的测试规范，显然是无法执行的。万般无奈之下，谢勇请客户经理出面，和客户的高层领导直接沟通，说明验收测试的合理要求及内容。经过多次反复协调，客户方面总算做出了一些让步，放弃了一部分确实不具备现场测试条件的指标要求，使测试规范大大简化。但是即便如此，和相同系统正常的验收比起来，该项目的测试内容还是多出了不少项。可是用户方以设备直接用于一线环境，涉及安全生产，责任重大为由，坚决不同意再对测试规范做任何删减，必须按当前的方案进行全面测试。

验收开始了。结果在测试中真的发现有两项属于入网测试的送检指标略低于国家规定的要求。尽管这并不影响设备和系统的正常使用，但最终还是以第一次验收失败而告终。后续，D公司重新更换了相关设备板件，再次提请测试，才算最终通过了项目的验收。由于是二次验收，不但D公司承担了一切相关验收费用，更严重的是，原本打算把这个项目作为客户所在行业的典型应用案例来宣传，希望能起到良好的示范效果，可没想到由于在最后验收环节上的疏忽，让这个事实上比较成功的项目贴上了"没有一次通过验收"的尴尬标签。而造成这一局面的直接责任人——项目经理谢勇，也受到了公司的处罚。

【情境分析】

这个项目情境反映出IT（Information Technology）/ ICT（Information and Communication Technology）类项目在收尾阶段的一个很有代表性的问题：验收从什么时候开始？在很多人的印象中，一个IT / ICT项目可以验收了，也就意味着所有安装、调试、测试工作都已经临近尾声，验收工作的启动自然也应该是在全部交付活动基本完成的时候才正式开始的。乍听起来，这种想法没什么问题，当然是工作完成了，具备验收条件了，才能开始验收。但实际上，一个IT / ICT项目的验收工作，绝不能等到所有工作都完成了，真正到了收尾的时候才做，而是应该尽早执行，甚至在项目刚一启动，就要着手验收了。

可能有人会提出疑问：不具备验收条件，怎么可能开始验收工作呢？实际上，我们所说的项目验收工作，不仅包括依据明确的规范、条款，在技术层面对交付的成果进行逐项的测试、检验，那些具体的验收规范、条款的制定和确定活动，也是验收工作的重要组成部分。一般来说，不同的行业、领域，都有自己相对成熟的规范、标准，IT / ICT类项目也不例外。比如国家标准（GB）、行业标准、企业标准，甚至国外的标准，等等。这些标准既是现成的，又是不可变更的，看起来没有什么调整的余地，但是针对具体项目验收时采用哪些标准条款，却不是一项简单的工作。

验收标准的确定，一定要得到甲乙双方的共同认可，才能成为最终检验成果是否满足要求的依据。所以，在从既定的、完整的相关标准体系中筛选出与具体项目、成果相适应的条款、内容，通常都要经过反复多次的商讨和修改，才能最终达成共识。而这种反复多次的商讨与修改，往往又需要消耗一定的时间和精力，如果等到所有项目活动都已经基本结束的时候才开始确定验收标准，很可能因为标准确定过程的多次反复而导致整体工期的推迟，甚至延误。在确定验收标准的时候，还有一个非常、非常关键的要点，一旦忽略，很有可能导致重大的风险，甚至造成项目的最终失败。这就是：作为项目实施一方，一定要将制定验收标准的主动权抓在自己的手中。上面项目情境的描述中暴露出来的就是这个问题。由于项目经理缺乏主动意识，草率地将验收标准的制定权完全让给了客户，才导致后面的步步被动，最终不得不接受一个令人遗憾和尴尬的结果。为了确保IT／ICT项目成果最终能顺利通过验收，项目团队应该主动制定出适当的验收条款，并提交给用户审核。当然，此时还不能称之为"标准"，因为这些条款还需要得到客户的认可。一般情况下，对方会根据自己的理解和需要，对收到的验收条款做出增删修改。但即便有所改动，总体上也还是在团队制定的整体条款框架内，有利于掌握主动，这将给日后的验收工作带来很大的便利。

确定验收标准的时候，也有一些小的技巧，合理应用也会使最终的验收工作进行得更加顺利。比如，在允许的范围内，适量增加"功能性"的测试指标，合理减少"性能性"的测试内容。以一台家用液晶电视为例，能提供3路视频输入接口、2路USB信号接口、2路高清接口（HDMI）、有3D效果播放等，这些就属于功能性的指标。这些指标的检验过程相对比较简单，双方在测试验收时不容易出现歧义。而数字电视的信号接收灵敏度、数字信号调制误差率、系统噪声余量等就是性能性的指标。这类指标往往需要依靠专业的工具、仪表进行测量，测试难度相对也更大。在正式验收过程中有可能因为各种因素的影响而出现结果的不稳定，比如测试方法是否规范、测试环境是否充分满足要求等。这可能给结果的认定带来一些争议。当然，团队主动制定验收标准，一定是在符合相关行业、领域及特定产品、成果的基本规则范围以内。在这个大前提下，主动选择、编辑那些对自己通过验收更加有利的内容，并寻求获得客户的认可，将有助于最终验收工作的顺利实施。

　　另外，在确定了验收标准之后，客户正式验收成果之前，团队一定要做好内部的"自检"活动。所谓"自检"，就是根据双方已经确定的正式验收标准，团队自己对已经完成的成果进行逐条逐项的测试、检验。这个过程一定属于全部验收工作环节中的一部分，它不但能让团队及时发现已经完成的项目成果潜在的问题，并及时采取补救措施，还有利于在后续的正式验收环节中不出现意外和偏差。

　　最后，IT／ICT类项目验收过程中的另一个技巧，就是尽可能将一个成果的检验过程分成几部分进行，即分阶段验收。相比最终一次性验收，这样做更有利于确保项目成果得到及时的检验，以避免在实施的中间阶段出现的问题积累到最后才被发现，那样不但可能导致更加复杂的返工，进而产生高昂的成本代价和工期的延误，更严重的是，有时甚至已经无法对发现的既成事实的错误进行修正。

　　总之，为了确保项目最终验收的顺利通过，应该注意把握如下原则：尽早启动验收标准制定工作；团队积极主动地掌握标准制定的主动权，合理选择标准内容，与客户共同确定；尽量增加项目成果的中间检验环节，以便及早发现问题，及早采取补救措施；在客户参与的正式验收工作开始之前，团队做好内部的自检活动。如果能做到以上几点，将有助于一个IT／ICT项目的最终交付与收尾，项目经理及团队对此应该给予充分的理解和重视。

📝【情境回顾】

1. IT／ICT项目的验收标准制定工作应该尽早启动，而不能等具体工作都结束以后才开始。
2. 项目团队要抓住制定验收标准的主动权，合理选择标准内容，并在充分协商的基础上得到客户的认可。
3. 越是复杂的项目，越应该分阶段验收，以降低验收难度，及时发现和处理存在的问题。
4. 在正式验收启动之前，项目团队要做好针对项目成果的内部自检活动，为正式验收扫清障碍。

准备不足，客户沟通陷被动

【情境再现】

K软件公司，为客户M公司提供自主研发的ERP系统。前期的商务谈判已经顺利完成，马亮被任命为项目经理，项目工作正式启动了。接下来，马亮的主要工作包括进行内部交接、确定项目团队及初次的客户拜访。

在与商务、市场部门的内部交接会议上，客户经理简单地介绍了客户情况，表示："该客户很简单，没有那么复杂，下午的初访已经与客户沟通过了，主要就是双方见个面，简单介绍一下项目计划、项目组成员及前期准备工作的进展情况，一切都已经和客户方的项目经理沟通好了。时间比较紧，如果大家没有什么问题，我们就准备尽快出发吧！"听市场部门的同事这么说，马亮也放心了，当天下午就和销售总监及几位技术顾问一起去了M公司。

马亮他们一行几人首先见到的是M公司的项目经理小陈。大家相互介绍后，小陈就直接将马亮他们领到了一间挺大的会议室，招呼工作人员端上茶，让他们先坐着休息一下，自己就出去了。马亮感觉有点不对劲儿，他隐隐觉得此次初访不像是上午客户经理说的那样，只是与对方项目经理沟通一下那么简单。他再向客户经理确认今天下午的具体行程安排，可是客户经理也说不出个所以然，只是含糊地回应道："M公司是老客户了，这又是项目开始的第一次见面，应该没什么重要的事情吧……"但是看现在这种场面与架势，可真不像简单地碰个面，马亮心里不由敲开了鼓。

5分钟过去了，小陈带着好几位领导模样的人来到了会议室。"不好意思，让你们久等了，我现在来给几位介绍一下我们今天参会的领导：这位是M公司总裁助理刘总，这位是工程副总李总，这是我们子公司技术总监方总，这位是销售总监……"马亮血压都升高了！自己刚刚担心的事真的发生了，这根本就不是一次简单的碰头会，可自己连像样的资料都没有带，什么准备都没有！

在接下来的会上，M公司的客户提出了一连串的问题，但是由于马亮他们事前没有做好应答的准备，全凭随机应变，好几次被问得答不上来，这让对方非常不满意，甚至对M公司执行合同的能力提出了质疑。

【情境分析】

这个情境比较集中地反映了项目活动中，内部及外部沟通、合作时比较常见的几个典型问题。第一个问题是内部交接不充分。在很多行业，通常情况下作为交付、实施的负责人，项目经理一般不会过多参与合同谈判、敲定商务条款等活动。有些公司为了避免或减少合同执行阶段的技术偏差，在确定合同正式签订之前，会请项目经理对将要提交给客户的正式技术方案从具体实施的角度进行评估，以便及时发现那些潜在的缺陷和漏洞（相比商务技术人员，一般项目经理有更丰富的现场实践经验，往往更可能发现那些"理论上"没有问题，但是在具体实施过程中有可能出现的隐患）。但即便如此，由于合同尚未最终签订，所以项目经理对未来项目工作的认知也很难做到完整和全面。当合同正式签订，即将开始具体实施的时候，认真、充分的内部交接工作就变得非常重要。详细、完整的交接，有助于项目经理对工作任务有更清晰和全面的了解，特别是对条款中一些特殊的规定，能及早做出应对规划。

在很多行业、领域，由于甲乙双方权力的不对等，或同行业的竞争日趋激烈，对乙方而言，签单变得越来越难。在这种大环境下，为了能争取到必要的合同份额，市场部门有可能会被迫接受客户方提出的一些超出合同条款规定范围的要求，甚至为了讨好客户，主动添加一些免费的服务内容。按项目管理知识体系的说法，这种行为被称为"镀金"。"镀金"在理论上是不好的，是应该杜绝的行为，因为它动用有限的资源去完成一些额外的需求，以期赢得客户的满意，这被认为是一种舍本逐末、得不偿失的错误做法。但是在现实中，迫于竞争的压力，有时候又往往不得不做那些"镀金"的事情。因为"镀金"导致团队资源紧张还算能够接受，最让人头疼的是承诺一些实际上做不到的事情！项目经理们通常把这种行为称作"挖坑"，一旦自己掉到坑里去了，不但要面对咄咄逼人的客户，往往还很难获得内部足够的支持，自己两面受气！

其实，鉴于当前、甚至相当长一段时期内我们身边的特定环境因素，这种"镀金""挖坑"的情况在客观上真的是难以避免的。为了将这种不利情况的影响降到最低，就特别需要在内部工作交接的环节上做到及时、完整。市场部门要把自己对客户的全部承诺尽早并且详细地告知项目经理，以便项目经理能在第一时间做到心中有数。这既有利于资源的合理的安排，也能为一些复杂需要的实现做好前期准备，包括确定可行性、获得内部相关部门、资源的支持。对那些确实超出当前能力范围的需求，需要尽早与市场部门做好配合，以适当的方式提前做好替代、折中方案，以最大限度地维护客户满意度。

具体的交接内容应该至少包括/不限于：完整的合同文本、敏感条款内容、客户关系基本情况、客户主要干系人清单、相关接口人信息、客户决策链信息等。前期的交接工作做得越细致、全面，越有利于接下来项目经理迅速进入工作状态，客户的感受也会越好。但是特别要强调的是，交接工作并不意味着全部项目职责的彻底移交。市场部门、客户经理一直都是项目的重要干系人，他们拥有良好的高层客户关系，这个优势是项目经理无法替代的。因此，当项目工作遇到挫折或意外的时候，他们应该积极为项目经理和团队缓解压力，扫清障碍，帮助和推动项目工作顺利进行。另外，项目的顺利进展也是市场部门和客户经理保持良好客户关系的最直接的动力。所以，售前、售中和售后一定要有团队意识，要有"一家人"的思想，在工作中互相支持、互相促进，这样才能获得最大的组织收益。

这个项目情境暴露出的另一个重要问题，就是要严肃对待与客户进行的外部沟通活动。上文提到，客户经理在内部的会议上表示："该客户很简单，没有那么复杂，下午的初访已经与客户沟通过了，主要就是双方见个面，简单介绍一下项目计划、项目组成员及前期准备工作的进展情况，一切都已经和客户方的项目经理沟通好了。"从文字表述上可知，该客户经理和客户之间的关系应该是比较密切、熟悉的。但人际关系好不等于工作上就可以掉以轻心！

原本以为简单的会面，实际上变成了高规格的启动会，造成这一重大失误的具体原因我们确实难以从有限的情境描述中获得更准确的推测，但是如果当初客户经理能够更加认真地对待客户提出的这个会议要求，也许这一切误会和尴尬就不会发生了。比如针对涉及工作、项目的交流，应通过文字记录的手段确认，即便不方便使用过于正式的方式，也应该有意识地对内容进行及时的事前核实，以避免出现因为双方理解上的偏差造成的误会。

在这个具体项目情境中，站在项目经理的角度，对造成最终客户不满的结果，也应该承担相应的责任。"自己刚刚担心的事真的发生了，这根本就不是一次简单的碰头会，可自己连像样的资料都没有带，什么准备都没有！"即便是一次常规的简单会面，必要的准备工作也是应该有的。比如针对需要交流的议题，提前准备好必要的书面或电子版材料，事前落实双方出席的相关具体人员，对对方可能做出的反应事先准备好应对策略，等等。如果仅仅只是凭借自己的经验，不但有可能被问得措手不及，更会让对方感觉没有受到足够的尊重和重视，在接下来的工作中，就更难赢得对方的信任和满意了。

客户沟通无小事，一旦产生了误解或矛盾，会对后续的项目活动产生非常严重的影响，而消除这种影响的代价也许是巨大的。因此，重视沟通、正确沟通，的确不是一件简单的事情，项目经理和相关干系人要给予足够的重视，认真对待。

📝【情境回顾】

1. 在很多行业，通常情况下作为交付、实施的负责人，项目经理一般不会过多参与合同谈判、敲定商务条款等活动。

2. 由于客观条件的制约，"镀金"行为难以避免，更要做好内部售前与售后的交接工作。

3. 市场部门应该持续为项目提供帮助，而良好、规范的项目实施也是对市场工作最有效的支持。

4. 项目经理要严肃对待与客户进行的外部沟通活动，认真做好事前准备。

不善沟通，正常工作起误解

周亮是G公司的项目经理，目前正负责一个客户定制需求的系统开发项目。这个项目涉及研发、测试、生产、交付、物流、财务、市场等多个相关部门/平台，复杂性比较高。为了更好地满足真实需求，客户要求安排专职工程师做驻场开发。周亮把团队里的技术骨干吴明派到了现场。

半个月后，客户张经理给周亮打来电话说："吴明一天到晚也不知道干什么，也不说话，就知道每天来了往电脑那一坐。两周了也没看他干什么。如果按这种样子下去，我们对你们公司是否能按进度完成项目比较担心。你们换个人吧，我们觉得吴明这个人不行啊。"

周亮很惊讶："我对吴明很了解，他在业务方面的能力非常强，可以准确地把握你们的需求，给出最佳的解决方案。我建议您先别急着换，毕竟才两周时间，大家的磨合期还没过。如果草率更换，既不利于项目组的稳定，对项目进展产生不利影响，对吴明的积极性也是个打击。这样吧，我马上到你们那里去了解一下情况。如果确实是他工作不力或不用心，再换不迟，这事我一定会给您摆平。您看怎么样？"

　　撂下电话，周亮就来到了客户公司。他先向张经理表达了歉意："这事儿怪我，没及时向您汇报，对不起、对不起，这是我的失职。"同时，他趁机拿出了吴明的工作汇报："现在项目的进度是这样的，吴明做了这些工作，一切都是按预期的目标来进行的……"

　　这下张经理倒有点儿不好意思了："啊，他干了这么多工作啊？他也没跟我说啊，你说的这些我一点儿都不知道！"

　　周亮忙说道："这事还是怪我没交代清楚，以后每天我都让他向您汇报一下项目的最新进展情况吧，您看可以吗？"

　　"可以、可以，那就多谢你了！"客户满意地说道。

【情境分析】

　　这个项目情境中反映出的问题，可能不少项目经理都遇到过，就是客户对某位团队成员的行为、表现不满，向项目经理、有时还会对项目经理的领导抱怨、告状，甚至提出人员撤换的要求。在工作活动中，由于工作方法、习惯、包括个人的性格差异，人们在相互接触、配合的时候很容易会产生分歧、矛盾，这种抱怨的出现本身也是一种正常现象。

　　在项目启动之初，项目经理就应该有意识地从个人行为方面对团队成员提出明确的约束和要求。比如在客户现场操作时，一切以安全为第一原则，未经客户允许，不能做任何有风险的操作；严格遵守客户既有的行为规章制度，包括不允许在项目工作现场吸烟，未经客户同意不得使用客户的工具、设备；服从客户一方的考勤规定，如确因工作需要，必须提前申请，并在得到允许的情况下才能调整正常的工作时间，比如加班等。这些看起来都是细节问题，如果能做到规范执行，不但对于项目团队，而且对团队所在的企业形象的树立都是非常有帮助的，并且有助于建立良好的客户关系，避免或减少项目团队与客户之间的不必要冲突。

　　但是，在上面的情境中，导致客户不满的原因却不是因为团队成员不当的行为，而是源自不良的沟通。我们知道，项目经理在整个项目管理过程中，最重要的职责也是最重要的工作内容就是沟通：与团队沟通，与自己的领导沟通，与相关配合部门沟通，与客户沟通，与合作伙伴沟通……通过大量的沟通、协调，来平衡和满足来自不同项目的干系人的需要。所以，沟通能力是项目经理必须具备的最重要、最核心的技能。然而，对于执行具体一线工作任务的团队成员来说，沟通能力却往往容易被忽略。

不少技术工程师都有这样的感受：相比与客户沟通，他们更喜欢和设备、程序、工具、仪器打交道。因为凭借自己的知识、经验和技能，与这些看起来冷冰冰的家伙交互信息的时候，感觉会更简单，心理上也会相对更轻松一些。而当他们面对客户的时候，却不容易占据主动，有时还会因为各种原因，产生比较大的心理压力，于是在行为上就会出现与客户沟通不主动、甚至有意无意地逃避沟通的情况。

上面情境中出现的问题，就是这种因现场技术人员缺乏与客户有效沟通导致的误解。其实，类似的情况在真实的项目实践中并不罕见，我在做项目经理的时候就遇到过。某客户扩容中的在网设备发生了故障，客户机房主任除了联系厂家（给我打电话），也把这个问题同时上报给了自己的领导。我接到客户反馈后，第一时间就安排了工程师前往处理问题。因为故障本身并不太复杂，2个小时后我派出的工程师就回来了，并且告诉我一切都已经恢复了正常。可是让人没想到的是，第二天早上一上班，客户领导就给我打来了电话，并且语气很不好，质问我为什么迟迟不安排人去处理头一天发生的设备故障！我当时很诧异，告诉对方我们早就已经将问题解决了。但是客户领导说，他问过机房主任，主任说没有厂家的人跟他反馈过故障处理的事情！放下电话后，我找到前一天被安排处理问题的工程师了解情况，他明确告诉我，问题真的已经解决了！不过，由于问题不复杂，他很快处理完毕后就直接走了，甚至都没有和客户机房值班的工程师打个招呼，更没想着和机房主任汇报结果！事后，我和那位工程师专门到客户单位解释，这才消除了误会。

在上面这个具体项目情境中，项目经理接到客户来电的时候，第一时间所做出的回应是正确的。首先，他并没有一味地迎合客户，对方让做什么就做什么（撤换现场技术人员）；同时，也并不是生硬地反驳或拒绝。作为项目经理，在带领团队完成工作的过程中，与目标同等重要的，是要时刻关注到团队成员自身的利益，只有真正设身处地地为他们的利益着想，并在行为上时刻维护他们的正当利益，才能赢得团队成员的信任和支持，项目工作才能得以顺利进行。

接下来，项目经理发现了问题所在：矛盾是由团队成员和现场的客户缺乏有效沟通导致的。他马上亲自到现场向客户澄清误会，并且特意带上了现场技术人员提供的工作进展报告，有效地消除了客户的不满情绪，并且主动将这一问题的责任承担下来。这样做既维护了自己团队成员的利益，又没有损害客户的面子，最终将这个不大不小的风波彻底解决了。

当然，作为一名负责任的项目领导，在完成了外部的安抚活动之后，接下来还必须要做好内部的处理工作。通常，当团队成员在项目工作中出现了偏差，有经验的项目经理会迅速地以非正式、私下的方式与相关团队成员沟通。除了说明具体事情本身以外，还必须要采取一些必要的手段，来确保类似问题不会在未来再次出现。

前面提到，导致一些工程师、技术人员不愿意主动与客户沟通的原因往往是出自个人习惯，是源自心理上的，所以如果仅仅依靠一次面谈，恐怕未必能起到非常有效的作用。因此，不如以工作规范的方式，强制安排一些沟通活动，比如要求现场工作的团队成员以某种对方习惯接受的方式，定期向特定的客户干系人提供相关信息。将个人习惯变为统一的制度，会获得更充分的重视和执行，有助于改善团队成员与客户之间的沟通问题。

在与客户沟通信息的时候，还有一个细节要特别注意，就是沟通方式的选择。同样的信息，在传递的时候可以通过多种不同形式，比如正式的书面文件沟通、面对面语言汇报、携带更多细节附件的邮件、以微信为代表的社交媒体等。理论上每一种沟通方式都能将需要反馈的信息准确地传递出去，但是，在选择沟通方式的时候，一定要遵循一个最重要的原则：双方认可并接受。如果只根据自己的习惯、喜好来选择沟通手段，就有可能造成误会，导致沟通效率的降低。

所谓"沟通无小事"，项目经理在做好自身沟通工作的同时，也要关注到团队成员的沟通状态，信息通畅了，很多问题的解决也会变得更加简单和顺利。

📝【情境回顾】

1. 在整个项目生命周期内，项目经理都应该有意识地从个人行为方面对团队成员提出明确的约束和要求。

2. 项目经理自己最重要的工作是沟通，同时也要关注团队成员的沟通活动。

3. 为确保团队与客户之间信息的有效传递，应该以工作规范的方式明确规定具体沟通要求。

4. 在与客户沟通信息的时候，需要选择双方认可并接受的具体方式，而不是只根据自己的习惯、喜好来选择沟通手段。

左右为难，奇葩队友不好管

黄斌，有两年的项目管理经验，最近刚刚从参加工作的第一家公司离职，加入了同行业的另一家更大的企业，并承担一项具体项目的管理工作。这个项目的规模和难度一般，虽然在技术上不能做到样样精通，毕竟是一个大的行业背景，所以黄斌在项目的技术方面还算得心应手。

团队一共有7个人，总的来说氛围还不错，但是有两个成员真的让黄斌有些挠头。这两位一个是技术大拿王凯，另一个是新员工赵亮。王凯算是这公司的技术骨干，负责项目中的研发工作。他为人倒是不错，跟谁都挺客气的，但是这位王专家最大的问题就是只关心技术，对项目的进度及规划等完全不关心！他最爱说的一句话就是"科学的事儿要科学办"，就算你这边急得火上房，他该干吗还是干吗，完全一副天马行空的样子。

赵亮是个应届生，入职还不到一年，硕士学位，名校毕业，加上人也确实聪明，理论知识也比较强，所以他在项目中也算半个骨干了。但是赵亮似乎很享受和黄斌唱反调的感觉，特别是在开项目例会的时候，项目经理不管说个什么事儿，他都能挑出点儿问题，然后就是自己的一大套想法，也不管别人爱听不爱听，开个会都能吵半天。虽然有时真的让人感觉很烦，但黄斌也不得不承认，有时候他确实还能说到点儿上，你又不得不采纳他的意见！昨天的例会上，黄斌让赵亮整理个技术文档，准备提交给客户。可他非说客户给的这个文档模板太复杂，按那个写太浪费时间，自己有更好的格式，别看内容不多，但是需要的重点内容也都能体现出来！

黄斌很困惑，自己是项目经理，要对项目目标负责，但是面对这样一个团队，特别是这两位"奇葩"，应该怎么管理比较好呢？

✏ 【情境分析】

这个项目情境反映了让很多项目经理头疼的问题：队伍不好带！这的确是个非常普遍的现象，由于项目经理自身通常权力有限，特别是在具体的奖惩问题上没有过多的实际权力，导致他们的要求和想法往往难以顺利地得到认可和执行。对很多项目经理来说，既然"硬"的权力不足，就需要更多地依靠"软"的技巧来让自己的意愿得以实现。

团队管理，实际也是项目干系人管理的范畴。一方面，在资源和精力有限的情况下，根据对项目影响的大小将干系人进行合理分类，有助于有限资源的合理分配；另一方面，通过对不同干系人真实需求的了解，采取不同的管理手段，也能更精准地投入资源，并使之发挥出更大的效用。在团队管理活动中，项目经理只有掌握了每一个团队成员的特点和真实需求，并通过一定的手段、途径去满足他们的个人"小目标"，团队成员才能以饱满的精神与热情投入项目工作，帮助项目经理实现项目的"大目标"。

作为项目经理，首先要意识到，团队里有"不听话"的成员并不稀奇，毕竟每个人的思想都是独立的，特别是那些有知识、有技术的人，更容易对问题有自己不同的看法；再加上他们作为普通的团队成员，自己权力的不足，与项目经理的想法产生冲突甚至矛盾，是再正常不过的事。

在执行项目工作的过程中，为了能让团队的思想得到合理与必要的统一，项目经理就要深入了解这些"不听话"的团队成员不听话的真实原因。上面项目情境中提到，让项目经理黄斌头疼的两个人分别是技术专家和新员工，一个我行我素，团队意识不强；一个自以为是，喜欢挑战领导。技术专家，由于他们在特定领域的突出技能已经得到了众人的认可，通常更习惯接受别人的钦佩与尊敬，自尊心往往也比较强，有时可能会表现得比较傲慢，不太容易接受不同的声音。情境中的王凯虽然态度还算平和，但他在工作中表现出的"只关心技术，对项目的进度及规划等完全不关心"，实际上也是一种所谓的"固执己见"。

项目经理在与技术专家沟通的时候，要抓住他们的心理特点，态度上保持恭敬、礼貌，不能轻易挑战和损伤他们的自尊心。王凯在说出他的口头语"科学的事儿要科学办"的时候，一定是认为项目经理的要求或观点已经违背了他认为的"科学原则"，比如进度要求、功能要求等。更重要的是，技术专家身边往往会有一些"追随者"，他们更容易受专家观点的影响，进而也对项目经理的要求质疑。

一般来说，技术专家作为稀缺资源，通常有机会参与更多重大的项目，他们自己也会积累更多的宝贵经验，如果能得到他们的支持，对项目的实施一定会起到积极的促进作用。项目经理应该更全面地看待技术专家的作用，保持开放的心态，就项目的管理与计划编制问题主动征求专家的意见，促使他们的思想从狭隘的技术圈子里跳出来，真正参与到整个项目的规划与控制活动中。将专家的观点和项目经理的要求统一起来，不但可以消除来自专家自身的阻力，还能增强项目经理自身的话语权，有助于对团队其他成员的协调管理。

如果专家坚持自己的观点，而他们的观点又和项目的目标存在较大的偏差，项目经理在沟通无果的情况下也不可一味妥协，必要时可以动用领导资源，通过施加必要的压力，让自己合理、正当的要求得到团队的接纳。当然，这种靠权力压服的手段一定要慎用，即使使用了，也必须要做好事后的安抚、沟通工作，只有让技术专家口服并且心服，才能在后续工作中获得他们的支持。

上面情境中另一个让项目经理头疼的是新员工赵亮。他有学历、有想法、爱表现，还敢于挑战领导。在和很多行业、领域的项目经理的交流中感到，对于新员工的管理，特别是年轻新员工的管理，越来越成为一个无法回避的难题。今天的年轻人怎么管？说轻了不起作用，说重了干脆撂挑子走人！如何做好年轻团队成员的管理工作呢？回到干系人管理的原则上，还是要从理解他们的需求入手。

新时代的年轻人成长于物质丰富、思想多元的信息时代，他们的成长几乎和互联网是同步的，因而拥有更开阔的视野、更张扬的个性，因此也对生活和事业有更高的要求与渴望，对付出后获得认可有更强烈的需求。对他们的观点、想法如果采取简单粗暴的排斥态度，不但难以得到他们的接受和认可，而且还可能引发更强烈的抵触和叛逆，项目经理的工作将变得更加难以开展。

前边情境中提到，赵亮在开例会的时候"不管项目经理说个什么事儿，他都能挑出点儿问题，然后就是自己的一大套想法，也不管别人爱听不爱听"。从他的表现看，他非常渴望表现自己，并获得别人的认可，并且因为确实有不错的理论知识储备，"有时候他确实还能说到点儿上"，让他更对自己的想法、观点有信心。项目经理如果能抓住他这个心理特点，可以借力打力，一方面在工作中主动给他适当的表现机会，既可以满足他的心理需要，也能帮助他积累经验；另一方面，通过私下、善意的方式，以帮助新员工尽快成长的心态，和他做开诚布公的交流，让他理解团队合作重要性，认识到自己的不足。为了避免会上面对面争执的尴尬，项目经理应该做好会前的准备工作，包括提早明确议题，事先单独私下沟通，有分歧在会前、会下解决，以确保会议正常进行。

对新员工在工作中由于经验、技术水平不足引起的问题可以谅解，但因为散漫、懈怠导致的错误，项目经理也应该及时严肃指出，不允许其再犯。就事论事的批评和处罚也是一种挫折教育，项目经理不能采取姑息的态度，以避免错误的风气和习惯在团队内蔓延，导致更严重的问题出现。

总之，团队管理的核心是对人的管理，管理人的关键在于理解和恰当满足不同的需求。在这个问题上，除了必要的规章、制度，更需要项目经理秉持以人为本的原则，灵活运用"软技能"，搭建好自己与团队成员心灵之间的沟通桥梁。

【情境回顾】

1. 在团队管理活动中，项目经理要掌握每一个团队成员的特点和真实需求，恰当满足他们的个人"小目标"。

2. 项目经理在与技术专家沟通的时候，态度应保持恭敬、礼貌，积极与之合作，力求获得他们的认同和支持。

3. 对年轻的团队成员，在工作中主动提供适当的表现机会，帮助他们积累经验，尽快成长。

4. 不姑息错误，及时严肃纠正，以避免错误的风气和习惯在团队内蔓延，导致更严重的问题出现。

领导插手，简单项目变复杂

　　A公司主营某类仪表及相关系统软件的开发与部署业务，多年来A公司一直为B公司提供硬件仪表设备，两家公司的一把手也保持着比较好的私人关系。2020年，为满足业务需要，B公司首次与A公司开展软件产品合作。A公司专门成立了驻场团队，并任命周洋为项目经理，为B公司的一个业务部门提供专业软件的开发工作。因为需求不复杂，又是初次在软件领域进行合作，经双方领导协商确认，这第一次软件方面的合作，由A公司免费为B公司提供定制开发。

　　该项目前期进展比较顺利，然而在执行到1/3的时候出现了一个插曲。这一天，周洋与同事和B公司的部门负责人正在开例会，B公司的一把手闲来无事也出席了会议。没想大领导听完项目汇报后突然来了兴趣，会上提出了不少自己的新要求。这还不算完，从这以后，这位大领导隔三岔五就来参加项目会议，并且要求也越来越多，项目规模从最初确定的一个需求部门扩展到了几乎所有业务部门，工期也从半年延长到了3年！虽然经过项目经理周洋的争取，B公司最终同意支付相关开发费用，从免费服务改成了正式的销售合同，但是因为大领导的直接插手，B公司那些原本应该配合项目的各个部门领导都不再说话了，与项目经理周洋的关系也出现了微妙的变化。他们参与和支持项目的积极性明显降低了，有时在会上明明听出了大领导提出的一些要求有问题，不但不吱声，还都原封不动地传递给周洋，并且摆出一副"我有什么办法"的样子。因为是驻场开发，B公司大领导经常把他叫到办公室单独了解项目情况。每到这个时候，B公司相关部门的经理们都会用一种异样的眼光看着他，就像在看一个告密者！更让周洋抓狂的是，自己团队成员的工作积极性也出现了问题："什么时候能回去啊""每天到这儿上班光地铁就得多坐半个多小时""需求变来变去，有完没完啦"，诸如此类的抱怨开始不绝于耳。

眼看着B公司大领导的要求越来越多，客户需求部门配合的力度却越来越弱，自己团队的士气也日渐低落，周洋该怎么办呢？

✎💬【情境分析】

就上面这个具体情境，站在项目经理的角度看，客户高层指手画脚，配合部门消极怠工，自己的团队也怨声载道，这确实是个棘手的项目。要解决当前被动的局面，需要从内、外两条线一起发力，双管齐下。我们先看看如何从外部下手。

无论是项目管理知识体系的理论还是具体项目工作实践都告诉我们，一个项目如果能够得到高层领导的关注，往往也就意味着这个项目在获取资源、得到相关部门支持方面有了天然的优势。从这个角度看，这是对项目执行非常有利的环境因素。但是，如果高层领导过度插手具体的项目活动，也会让项目的管理工作受到过多的干扰，甚至制约，进而又会影响项目的正常执行。在这个具体情境中，必须对这位大领导参与项目的程度进行必要的"纠偏"。

首先，要"反客为主"。项目经理应该时刻牢记自己的责任：带领团队，全面沟通，实现目标！做项目有点儿像下棋，如果走一步看一步，甚至为了招架对手而被动出招，就会越来越被动，甚至满盘皆输。所以任何时候，项目经理都要努力想在前面，走在前面。比如主动提供执行方案，主动组织会议，主动反馈项目问题……通过比客户"早半拍"的节奏，才能将项目工作、走向的主动权抓在自己手里。

这个情境中，项目经理通过自己的努力，已经将免费的活动变成了有偿的合同，再加上客户高层领导对项目的热情，完全可以在允许的范围内尽量"将蛋糕做大"，这既满足了客户领导的要求，也让自己公司的利益得以最大化，是双赢的好事。所以，项目经理应该更积极主动地配合对方的需求，充分利用自己团队的技术、经验优势，主动为客户提供更完整、更能满足需要的项目方案，并辅以专业、合理的依据，而不是一味被动地等待对方不断地提出或合理或不合理的要求。变被动为主动，由"客户想要什么"变为"我建议客户应该需要什么"，相信是能够得到客户的理解和支持的。

其次，要"敲响警钟"。在这个情境中，来自外部的另一个困扰是客户执行部门的配合不力。因为大领导直接插手，在项目实施，特别是遇到问题的时候，部门经理们确实也很尴尬：管吧，大领导已经亲自拍板了，没有自己说话的空间；不管吧，具体落实的责任还在自己的部门！自己的大领导不方便直接抵制，于是他们把矛盾都转嫁给了项目经理！

导致部门领导态度消极的根本原因在高层领导，过多插手下属的细节工作是管理者的大忌。道理领导未必不懂，但是俗话说"当局者迷"，这时往往需要一个清醒的"旁观者"来敲响警钟。不过，囿于大领导的特殊身份，谁适合做这个劝谏者呢？情境一开头就提到了，两家公司长期合作，各自的一把手之间保持着比较好的私人关系。有了这个前提，项目经理完全可以通过自己的高层领导，把想说却不方便说的话传递过去，以确保重要干系人对项目活动的适度参与。

最后，要"公开透明"。无论大领导过度插手项目活动的问题是否能得到改善，在对外关系中，项目经理都要坚持一个根本原则：与那些在工作上和自己有直接关联的干系人——比如情境中的各位部门经理——保持良好的沟通和融洽的关系。老话儿说"县官不如现管"，这些执行层负责人的态度往往决定了项目实施过程是否顺利，甚至能够影响最终的结果。在面对大领导时，项目经理要时刻让这些部门经理意识到，他们与项目经理是一个战壕里的战友！情境中有个细节，当B公司大领导把项目经理单独叫到办公室询问项目进展的时候，这家公司相关部门的经理们都会用一种异样的眼光看着他，就好像在看一个告密者！显然，这是基于对项目经理不信任的情况下，部门经理们很正常的一个反应。

与其疑神疑鬼，不如公开透明。在面见客户高层领导时，项目经理可以拉上相关部门负责人一同前往，以消除他们的疑虑。更重要的是，在大领导面前，项目经理应该主动替部门经理们说出那些他们不方便、不敢说的话，包括委婉地指出大领导的失误。在共同面对高层领导时，项目经理要和客户的部门经理们做好"红脸、白脸"的分工，帮助部门经理化解问题（实际也是化解项目的问题），这样才能赢得他们的信任，进而在工作中获取他们的理解和支持。

外部理顺了，内部问题也要解决。在情境中，因为原计划半年的项目因范围的扩大工期延长到了3年，被外派到客户公司做驻场开发的团队成员出现了牢骚和抱怨。从团队成员抱怨的内容看，基本都是出于对个人的利益影响而产生的，诸如工作量的增加、上下班路途的辛苦等。关注自己的个人利益是人之常情，但是如果任由这类负面情绪在团队中发展、扩散，就可能会给整体的项目利益造成损害。项目经理应该及时与团队成员做好沟通，说明项目扩大、从免费到收费的积极意义，对公司、包括对团队成员个人收益的正面影响；同时还应该积极为团队成员争取必要的现实利益，包括合理范围内的奖金、补贴，组织适当的团队建设活动，用以调动大家的工作热情和积极性。

在面对项目工作中的种种问题时，项目经理必须理清各类干系人的利益所在，通过适当、合理的手段，调整、改善他们之间的关系，满足他们的需要，以使得项目工作得以顺利推进。

【情境回顾】

1. 高层领导主动关注、参与项目，有利于项目获得资源支持，但如果过度插手具体的项目活动，也会让项目的管理工作受到干扰、制约，影响项目的正常执行。
2. 项目经理要"反客为主"，站在满足客户需求的角度，主动提供更完整、更能满足其需要的项目方案。
3. 与客户的执行层（部门领导）建立信任，在高层领导面前主动替部门经理们说出那些他们不方便、不敢说的话。
4. 关注团队成员的个人需求，积极为团队成员争取合理、必要的现实利益，通过适当的团队建设活动，调动团队的工作热情和积极性。

专家出马，只盯技术忘管理

刘晓明刚刚入职一家IT公司，虽然之前他已经有了将近3年的项目管理工作经验，不过现在的领导似乎还是对他不太放心，所以在他接手的第一个项目中，被分配的角色是项目经理助理。

这是一个规模不大的常规项目，担任项目经理的是公司系统部资深技术专家徐阳。名校背景的徐阳一毕业就来到了这家公司，已经快10年了。他凭借出色的技术能力和认真的工作态度得到了公司高层领导的信任。安排刘晓明做徐阳的助手，也算是对晓明的信任：让专家带一带，希望他能迅速上手，未来能承担起项目经理应有的责任。

原本领导的安排让晓明很高兴，毕竟不是每个新人都有机会和专家共事的。可是没过多久，烦恼就来了：这位徐阳虽然在技术上是专家，可在管理项目这个问题上真是让人没法恭维！在项目的执行过程中，徐阳最喜欢盯住项目的技术细节不放，有时候还亲自上阵，带着几个工程师一搞就是一个通宵！眼看项目的工期已经延误了，晓明每次在项目例会上提醒他注意进度，徐阳都一副无所谓的样子，总把"加加班就回来了"挂在嘴边。更让人纠结的是，当客户提出变更要求的时候，徐专家的判断标准基本上只有一个：只要技术上能实现的，都来者不拒！

眼看着项目的范围越做越大，加班的时间也越来越长，晓明干着急却没办法。既然不能说服徐阳，干脆直接找领导反映吧。让人没想到的是，晓明来到领导办公室，正赶上这个项目的客户来访，对方除了答应为新增加的项目产品功能买单，还把徐阳表扬了一通，说他对需求理解透彻，经验丰富。结果不等晓明把自己对徐阳管理项目的看法说完，就被领导打断了，还让他做好项目经理助理的工作，多向老员工学习，多沟通。

晓明应该怎么办呢？

【情境分析】

这个项目情境描述的内容有点儿复杂：技术专家做项目经理，却忽略项目只盯技术；虽然对待客户需求的态度不严谨，却并没有造成太大的损失，反而得到了客户的认可；真正有管理经验的项目经理不但没能说服领导，还被要求向技术专家学习！虽然真实的项目实践往往要比教科书上的例子更复杂，但是其中反映出的原理和知识却是相通的。

从这个情境中我们能够确定，这位专家型的项目经理在管理方面确实有问题，最突出的表现就是"专家心态"太强。所谓"专家心态"，是指那些自身在相关专业技术领域具有较高的水平和能力的人在遇到具体问题时，往往表现得对他人不信任，但同时又过度的自信。对于那些从事专业活动的技术专家来说，适度的"专家心态"往往难以避免，同时也无伤大雅；但是如果这些专家承担的是管理职责，比如情境中提到的徐阳，过度的"专家心态"就会使得他们过于关注技术细节，而缺乏全局观。一旦忽略了作为项目经理的管理职责，将不利于项目目标的实现。

作为团队的管理者，适当地发挥自己在相关专业领域的技术特长原本是好事，但是如果在具体的技术问题上涉足太多，反而不利于团队成员承担应有的职责，发挥他们必要的积极性和主动性。项目经理不是不能参与项目的细节层面的工作，而是要讲求方式方法。在资源充足的情况下，项目经理应该扮演顾问的角色，更多发挥自己的经验，给团队成员以必要的指导。在资源不足的情况下，项目经理可以合理承担合理的具体工作任务，但是也应该有明确的责任划分，做到团队成员各司其职，而不要过度地越界、插手别人的工作内容。从上述项目情境的背景描述中可以看出，这位资深的技术专家虽然名义上是项目经理，但实际上做的是技术工程师的工作，并且还在享受来自解决具体技术难题所带来的成就感和满足感，甚至对项目出现了延期也满不在乎，反而把加班当作解决问题的"灵丹妙药"。从这个角度看，徐阳也许是个合格的甚至优秀的技术工程师，但真的不是一名合格的项目管理者。在他的头脑中，缺乏对项目的责任感，甚至没有搞清楚自己应该做什么。

管理学从来不是非黑即白那么简单，在这个情境中，不合格的项目经理徐阳在工作中也有值得肯定的地方。比如他更能赢得客户的信任，因为在客户看来，徐阳对需求理解更透彻，经验更丰富。在项目活动中，能得到客户的理解和认可对团队来说是最大的利好，这对于工作的开展和推进都将起到非常积极的作用。

在一些特定的行业中，由于激烈的市场竞争，一方面，甲方变得越来越强势，在项目中说一不二；另一方面，乙方为了争取到市场和订单，对客户言听计从，甚至不惜做出过度承诺。这两种情况往往互相影响，形成恶性循环。其实，这种不顾客观条件和技术制约，一味迎合客户的行为表面看是对客户的尊重，实际上最终双方都要受到伤害。在这种情况下，一些客户往往更愿意与技术人员沟通，因为相比市场人员，他们的想法会更"单纯"、更"靠谱"。无数实践表明，从科学的角度出发，基于严谨、客观的态度，用事实说话，比无原则地迎合更能得到客户的理解。案例中的徐阳，就是以技术专家的身份，在与客户交流的过程中赢得了认可与信任。虽然项目范围被扩大了，但是在技术层面都能够得到实现，并没有引入更多的风险。更重要的是客户也乐于为增加的内容买单，这在一定程度上是把项目的"蛋糕"做大了，基于客户对技术专家的信任，相信在通常比较敏感的进度问题上，也更有可能与客户达成新的一致。

接下来再看看这位新入职的，具备一定项目管理经验的刘晓明。晓明在这个具体情境中虽然被分派的角色是项目经理助理，但他真正操了项目经理的心！首先他有3年的项目管理经验，相比徐阳，在面对项目工作时更有大局观，比如能意识到项目经理过于关注技术这种行为的不妥，能及时发现项目工期出现了延误，包括及时向高层领导汇报项目工作中遇到的、已经超出自己控制范围的问题，希望通过领导的力量将项目工作中已经发生的偏移纠正回计划轨道。这些细节都表现出晓明确实具有项目经理应该具备的良好素质和工作思路，这对于领导和管理好一个项目，并确保项目目标的达成是非常有益的。

和徐阳类似，晓明在工作中的表现既有可圈可点的优势，也存在一些需要弥补的不足。比如在沟通的问题上，他虽然已经意识到了项目经理存在的缺陷，却没能成功让对方接受自己的观点；在向领导反馈项目问题的时候，也没能让领导了解项目经理存在的真正问题。上述情境中虽然没有给出更多关于晓明是如何与徐阳及领导沟通的细节，但是我们相信在这个沟通过程中，晓明还是应该有一些可以改进的地方。比如情境描述中提到，在提醒项目经理要关注进度的时候，是在"项目例会"上。项目例会是个公开的环境，除了自己和项目经理，一定还有其他团队成员，如此开放的环境中对别人提出当面的质疑，一定程度上会影响自己意见被采纳，甚至会出现不被理会的情况。如果采取私下、面对面的非公开方式，更详细地说出自己的具体想法，并给出适当的建议，也许会有不同的结果。在向领导反馈问题时，除了口头表达，如果能辅以必要的文件、数据，再加上自己的观点，通常也能够提高领导理解和重视的程度。

项目经理不是个简单的角色，除了自身要具备项目管理方面的硬技能，也离不开沟通、协调的软技巧，只有两手都抓，两手都硬，才能让项目工作得到有效的管理。

📝【情境回顾】

1. 项目经理不是不能参与项目的细节层面的工作，而是要讲求方式方法，在不同的情境下扮演不同的角色，承担不同的职责。

2. 技术专家发挥技术专长，在项目中更可能赢得客户的理解和信任，为项目工作的顺利推行提供有益帮助。

3. 项目经理应该具备项目的大局观，必要时及时求助于高层领导，以解决那些超出自己职权范围以外的问题。

4. 高效和有技巧的沟通是项目经理必须具备的基本能力，项目管理的硬技能和软技巧"两手抓，两手都要硬"。

利益不同，项目问题难决策

国家新版GSP规定出台（GSP是英文Good Supply Practice缩写，在中国称为《药品经营质量管理规范》，是指在药品流通过程中，针对计划采购、购进验收、储存、销售及售后服务等相关环节而制定的保证药品符合质量标准的一项管理制度，目前最新版本已于2015年7月1日正式实施），对企业的信息系统提出了更高的要求。M公司是一家老牌制药企业，为满足新标准的要求，需要建设新一代的信息系统。T公司承接了这个项目，但是由于各方对政策的理解和解读不同，所以在信息系统升级改造项目的实施过程中遇到了如下问题。

问题一：

质量管理部（企业内部GSP管理部门）根据最新的国家法规，提出了系统建设要求。质量部门的思路是，要按照严格管理的原则进行，如果相关规定中没有明确的要求，就按要求的上限设置。而这遭到了业务部门的强烈反对，致使项目无法继续。

T公司项目组的应对措施是：

首先多次与M公司的质量管理部和业务部门分别单独协商，但双方各不退让。项目组内部开会，根据双方意见进行评估，取中间意见形成方案，之后再次私下分别与质量管理部门和业务部门协商。后者接受了新的折中方案，但质量管理部仍不同意。最终该问题通报给了客户主管领导，并邀请主管领导参加协商会。会上主管领导给出了原则：国家规定中有明确要求的按要求做，没明确要求的要支持一线业务的开展。再次协商后双方同意了折中意见。

问题二：

新系统正式上线前如何进行培训？根据项目团队以往的经验，如果只培训不考核，操作员往往不认真参与培训；可是如果安排考核的话，新系统涉及的人员又比较众多，实施考核的时间、场地等客观条件又会受到限制。

T公司项目组的应对措施是：

安排全员培训，按科室考核，即每科室派一名代表参加考核，考核通过则该科室有权限上新系统操作，如果考核不通过，则该科室的全部成员均没有新系统的操作权限，同时该考核人员还将作为科室的操作辅导员，具体人选由各个科室自己确定。这个安排最终得到了客户各个科室领导的认可。

✍ 【情境分析】

这个项目情境中描述了项目实施过程中遇到的两个问题，以及实施团队分别采取的应对办法。从结果看，这些应对措施在解决具体问题上确实都收到了不错的效果。虽然从问题本身看，各自有各自的原因，各自有各自的背景，但它们都比较集中地反映了项目管理活动中一个非常关键的要点：如何将干系人的切身利益与具体的项目活动联系起来。

一个项目要想取得成功，仅靠项目经理和团队的努力是不够的，这里一定离不开各种干系人的参与和协助。而这些干系人之所以乐于支持项目工作，最主要的原因就是他们自身的利益与项目工作的推进相一致。项目经理和团队必须充分发挥干系人的积极性，将他们推动项目进展、为项目提供有益帮助的动力最大化。同时还要有意识地削弱和化解那些因为利益受项目过程或结果损害，包括自以为自身的利益将会受到项目过程或结果损害的干系人对项目工作的抵触、破坏的影响。

对那些乐于促进项目成功、同时也能够从项目的过程或结果中获得好处的干系人，结合他们的能力及所具有的资源，项目经理甚至可以考虑给他们安排项目范围以内的适当的工作，赋予他们一定的责任，把这些干系人当作团队的成员看待。当然这些工作和责任一定要适量，不要给干系人造成过大的压力，并且能得到他们的积极响应。在完成对应工作，承担相应工作和责任的过程中，这些原本处于项目团队之外的干系人能从工作成果中感受到自己的价值和成就感，从而进一步增强他们对项目的积极态度。

还有一些干系人，他们自身的利益会受到项目过程或结果的负面影响。对这种情况，项目经理和团队必须尽早且充分地认识到项目活动对这些干系人造成的不利影响，并主动采取积极的态度，在换位思考的基础上和可能的范围内，针对干系人被损害的利益给予合理范围内的保护和补偿，以赢得他们的理解，让矛盾得到缓和。如果这种来自干系人的抵制的力量过于强大，项目经理有时可能需要采取一些特殊的手段，例如尽可能寻求那些对项目持抵制态度的干系人有直接管理、约束权力的其他干系人的支持，比如他们的上级、领导，通过这些特定干系人的合理手段来减轻甚至消除抵制。

在项目活动中，对干系人影响最大的驱动力往往是利益。上面项目情境中提到的第一个问题，质量管理部门和业务部门都是项目活动的重要干系人，但是二者在项目中持有不同的观点和态度。实际上，双方各自的理由和主张并没有严格意义上的对与错之分，只是考虑问题的出发点不同，当他们分别站在各自的利益角度时，就发生了冲突。这个情境中，质量管理部门坚持所谓"高标准、严要求"，不肯妥协，实质上就是出于保护自己部门利益的需要。这种因利益不同导致的冲突，往往是最难解决的，因为任何一方的让步，通常都意味着自己的利益将受到一定的损害。这种情况下，项目团队主动将客户的高层领导拉入项目，通过领导的决策，为这个冲突找到了解决方法。

针对那种项目经理无法解决的问题，借助高层领导特有的权力，不失为解决冲突的最有效果和最有效率的方法。不过，这种由高层领导"做出决定"的手段虽然看起来高效、彻底，但是往往会造成"输—赢"的结果，有可能会影响，甚至损害冲突某一方的利益，这也许会给后续工作的顺利开展留下隐患（比如，利益受到损害的干系人支持项目的意愿降低，甚至采取抵制、破坏的手段）。所以项目经理和团队还要做好解释、安抚工作，并密切关注那些特定干系人的动态。

项目团队在与客户交流、沟通的过程中，因行业竞争激烈或双方地位的不对等，经常会有一种"无力"的感觉，即自己的想法或要求很难被对方充分理解并接受，从而导致项目活动的推进和执行受到不利影响。虽然在不得已的情况下可以通过双方高层领导出面协调，但是如果事无巨细，都需要经过领导亲自过问才能"摆平"，显然不利于双方合作关系的正常维系。在遇到这种问题时，项目经理也可以通过"责任转移""矛盾转移"的方式，将问题推给相关客户干系人，将他们自身的利益与项目活动本身捆绑在一起，这将有助于具体问题的解决。

上面项目情境中提到的第二个问题就是这种情况。新系统上线使用前，必须要做相关的培训，但是如果只培训不考核，接受培训的人员很可能不认真。如果采取全员考核的话，时间、场地等条件又不允许。更重要的是，项目经理和团队又很难要求、命令那些参加培训的人员必须认真！可以想象，如果客户不能熟练掌握相关新系统的操作使用技能，最终这个责任还是要落到项目团队的头上。在解决这个问题的时候，团队采取了巧妙的方法，他们将参加培训的少数人的表现，与未参加培训的多数人的利益关联起来，让少数人替多数人承担了责任——如果考核不通过，该科室全部成员均没有操作权限！通过这一举措，将团队在培训客户这一问题上的被动地位转为主动，把原本应该自己承担的责任转移到了客户身上。那些将要参加培训的人也从"要我学"变为"我要学"，这使得培训的效果得到了有效的保证。

项目经理在权力有限、地位不对等的情况下，需要更加全面、深入地分析、理解各类项目干系人的利益诉求，通过对不同干系人利益的识别，因势利导地采取必要的措施，将利益引导与工作推进相关联，这样就可以有效地化解冲突和矛盾，并促进项目工作得到顺利的执行。

📝【情境回顾】

1. 一个项目要想取得成功，不仅要靠项目经理和团队的努力，还需要得到各种项目干系人的参与和协助。

2. 对于利益受到正面影响的干系人，适当和适量的工作责任，有助于增强他们对项目工作的责任感和成就感。

3. 对于利益受到损害的干系人，应当及时予以合理的补偿，必要时可以通过高层领导的权力来约束他们的抵触行为。

4. 通过主动的利益关联，项目经理可以通过"责任转移""矛盾转移"的方式，将具体问题的责任转移给相关干系人。

资历有限，技术"牛人"怎么管

王翔在一家IT公司工作，这家公司的主要业务是给客户提供无线通信系统的测试解决方案。他4年前研究生毕业就到了这里，从测试、系统交付到售前技术支持，除了研发和市场，公司的业务线他基本都做过。不久前，王翔被领导任命为交付二部的项目经理，负责某专网市场客户的一个项目的交付工作。

虽然王翔对项目完整的技术环节都不陌生，但是作为项目负责人带团队还是头一次。没想到，第一次当项目经理就遇到了难题！在他的项目组中有个技术"牛人"——老赵。老赵来公司已经快8年了，一直做一线交付工作，技术水平没的说，据说当初是部门经理花了不少心思从竞争对手公司那边挖来的。本来这次公司领导任命新项目经理，大家都觉得老赵肯定是最佳人选，没想到最终却提拔了王翔。

王翔当了项目经理，碰巧老赵也被安排到了他的团队。一般人觉得，如果自己团队里能有个技术大拿，肯定会躲开不少麻烦，可王翔却让这位"赵大拿"搞得一肚子怨气！本来王翔一直想和老赵搞好关系的，还试着请老赵吃饭，可人家就是不冷不热，总是用那些一听就是编出来的理由回绝了。"既然软的不行，那就公事公办吧，本来大家就是同事关系，我也犯不上巴结你！"碰了几个软钉子，王翔也改了主意。

不久前，王翔和老赵因技术问题连着发生了两次争执，而且谁也不能说服谁，这让王翔很生气，觉得老赵是倚老卖老，诚心给自己难堪。结果没多久老赵就提出了辞职，理由是找到了更好的工作。现在项目正执行到关键阶段，如果老赵真的离职了，王翔手下其他人还真可能顶不下来，而且一时也来不及找到更合适的人选。这下王翔真发愁了：该怎么办呢？

【情境分析】

这个情境中提到了一个让很多项目经理头疼的问题：如何对待团队里的"牛人"？所谓"牛人"，是指组织中那些业务、技术水平很高，能力很强的人。这些"牛人"们未必有很高的行政职务，但是通常都有着骄人的业绩、独到的技能、丰富的经验、深厚的背景。如果从积极的方面看，这正是项目团队最需要的人才、宝贝；但是当这些"牛人"真的加入团队后，有可能因为"个性强""不服管"，让项目经理倍感纠结。

面对"牛人"，项目经理可谓又爱又恨！难道鱼和熊掌真的就不能兼得吗？面对这些"牛人"，项目经理应该怎么办呢？如果真遇到这种情况，可能每位项目经理都有自己更习惯的一套办法来管理"牛人"。总的来说，基本可以汇总为以下5种措施。

以情感人。所谓"牛人"，通常都很爱面子，有比一般人更强烈的获得他人尊重的需要。他们一旦感觉到被冷落了，或者没有获得相应的重视，往往就会对项目经理产生比较强烈的抵触心理，甚至拒绝合作。项目经理可以抓住他们的这个心理特点，不要处处以"管理者""领导"自居，以礼贤下士的姿态，给予"牛人"足够的尊重。有意识地主动放低身段，拿出谦虚、请教的态度，虚心征求他们的意见和建议，让"牛人"们体会到自己被重视、被尊重的感觉，获得心理上的满足，这将有利于项目经理赢得"牛人"的认可与支持。

比如家喻户晓的刘备三顾茅庐的故事就是典型的例子。卧龙先生可谓当时鼎鼎有名的"牛人"，一边"抱膝危坐，自比管乐"，并且通过各种社交途径，让天下人都知道自己是"牛人"，一边又自称"苟全性命于乱世，不求闻达于诸侯"，摆出一副与世无争的样子，这实际也正是"牛人"爱面子的表现。最终，刘备靠着求贤若渴的谦卑态度打动了孔明先生，才有后来的卧龙出山，"鞠躬尽瘁，死而后已"，为刘备开创了三足鼎立的一方霸业。俗话说，抬手不打笑脸人，如果项目经理能做到以情感人，"牛人"们一般也会投桃报李，收起傲慢的态度，用自己的能力为项目工作贡献力量。

以理服人。尽管"牛人"们可能有性格、有脾气，但是作为成年人都应该是明白事理的。能把这种专家级别的"牛人"请到团队，足以说明领导对项目的重视和项目工作自身的重要价值。项目经理要尽早且积极主动地向他们说明项目工作的重要意义，让他们对项目的目标、价值有更清晰的理解，其实也就是让他们对自己所将承担的责任有更明确的认识。通过严肃的工作责任，感受到责任带给他自己的压力，让这些"牛人"认识到项目工作的严肃性，也会有助于"牛人"端正自己的态度，将精力集中在项目工作上。这对项目经理的管理会起到很好的帮助作用。

以事验人。"牛人"一般不是技术专家就是管理专家，为他们提供合理、必要的工作条件与环境，让他们的才华在项目工作中得以施展和体现，通常是最能被"牛人"们所接受和欢迎的。俗话说，是骡子是马拉出来遛遛！"牛人"们通常在某个行业、领域中拥有丰富的经验或高超的技能，这些经验和技能正是他们引以为傲的资本。不过，这些资本的含金量究竟有多少？是不是真的能让他们成为当之无愧的"牛人"？

现实工作中有这么一种人，他们确实曾经是某个领域的骨干、精英，然而那已经是多年前的事情了。随着新技术的突飞猛进，原来的知识、技术早已过时、淘汰，而他们却始终沉醉于自己当年的成就光环中不能自拔，喜欢摆"老资格"，以"牛人"自居。用实际工作结果说话，是对"牛人"们最好的检验，更是对那些"伪牛人"最有效的回应。

以利诱人。除了感情上的安抚和拉拢，项目经理还应该从满足"牛人"们自身需求的角度出发，说明项目将实现的收益，包括组织、团队、还有个人将获得的利益予以明确，这对于唤起"牛人"的积极性和主动性也会起到非常有效的促进作用。

通过合理的规划分配，做到按劳取酬，多劳多得，明确团队成员将在项目活动中获得的收益，会有效增强包括"牛人"在内的所有项目活动参与者的积极性。这里所说的收益不仅指物质上的，也包括经验、荣誉、升职的机会等精神上的满足。了解"牛人"在利益上的需求，并通过项目活动在一定程度上满足这些需求，可以有效地调动起他们的工作热情。

以权压人。项目经理要想最终实现项目目标，就必须得到高层管理者的支持，只有这样，才能在获得项目必需的资源、管理项目必要的权力等方面得到保障。当团队中出现了不听话、不服管的"牛人"时，项目经理的权力受到了直接的挑战。如果不能及时改变这种情况，将造成非常严重的负面示范效果："牛人"可以不听从安排，其他团队成员凭什么就一定要听呢？"牛人"可以破坏团队规章、制度，凭什么要其他人严格遵守？一旦让其他团队成员产生了不公平的感觉，整个团队都将面临解体的危险。所以，项目经理必须迅速地扭转这种被动的局面。

对于那种一味傲慢、摆老资格、破坏团队氛围的"伪牛人"，项目经理应该通过私下沟通的方式给予劝导。如果上面所说的各种方法都不能起到有效的作用，就应该及时从高层领导那里获得必要的支持，甚至直接请领导亲自出面，对那些破坏团队秩序的"牛人"给予打压，以组织的名义要求、命令他们服从团队安排，执行团队任务。

如果不听话的"牛人"已经在行为上做出了严重违反规定的活动，或者给项目带来了负面影响，项目经理应该按照团队管理办法，公平、公正地做出对应处罚，比如给予警示、告诫，甚至采取"杀一儆百"的极端手段树立权威，以儆效尤。当然，这更需要得到高层领导的明确支持，让包括"牛人"在内的所有团队成员清楚地知道：在团队规则、制度面前，人人平等。

对人的管理是技术，更是艺术，每个人可能都有自己独到、有效的见解和方法，需要通过实践不断总结。但结论一定是统一的：没有管理不好的"牛人"，只有不善于管理"牛人"的项目经理。

📝【情境回顾】

1. 组织中那些业务、技术水平很高，能力很强的"牛人"有可能因为"个性强""不服管"，给项目经理的管理工作带来困扰。

2. 项目经理对"牛人"应该足够尊重，做到以情感人。

3. 项目经理要尽早且积极主动地说明项目工作的重要意义，让"牛人"认识到项目工作的严肃性，以理服人。

4. 给"牛人"安排具体工作，给他们展示才华的机会和空间，以事验人。

5. 以利诱人，即通过合理、及时的利益分配，通过利益牵引，获得"牛人"的认可。

6. 借助领导的权威，以权压人，迫使"牛人"服从项目经理的安排。

需求不断，项目边界不收敛

    M公司是一家规模不太大的应用软件开发公司，凭借扎实的技术实力和良好的口碑，在竞争激烈的行业环境中站稳了脚跟。最近，他们承接了Q公司的一个自动化办公系统开发项目，合同额不算太大。

    这家Q公司身处化工行业，其主营业务涉及研发、物料采购、生产、库存等多个领域。由于各个部门在工作过程中缺乏信息的及时沟通和共享，导致彼此业务脱节，进而影响了业务发展。这次启动的自动化办公系统就是为了解决这个问题。

    由于Q公司自身不属于IT行业，因此在项目前期沟通具体需求的时候表达得不是太清晰，仅仅说明了当前企业存在的问题现状，提出的需求有些很模糊，有些甚至完全不切实际。这让M公司的项目经理夏炎很头疼！需求不能确定，具体的开发工作就没办法开始，而项目交付的工期却早就定下来了！为了不影响进度，夏炎决定先根据既有的客户需求，让项目启动起来。可随着M公司开发活动的进行，问题开始逐渐暴露出来了：客户的想法随着每次的Demo版提供，都会引发一些新的需求，并且这些想法已经开始逐渐超出了双方合同中确定的项目范围。

考虑到Q公司方面每次提出的需求并不是很大，项目经理夏炎为了能尽快实现项目一期的验收，更是考虑到后续项目的继续合作，对这些要求都采取了接受的态度。但是让人头疼的是，这种不大的需求似乎没有穷尽，一次又一次地让原本就十分脆弱的项目范围边界被不断地突破。

经过近半年的努力，系统一期终于在比预计时间推迟3个月后准备验收上线了。但是在新系统验收测试过程中，Q公司采购部的刘经理提出某些特定信息的存储过程过于复杂，而且怀疑其安全性，要求对此部分内容进行更改，否则不予配合。

【情境分析】

在这个项目情境中，我们可以挖掘出如下几个方面的问题。

一是客户技术水平不足。客户不熟悉项目相关技术，对于团队来说这究竟是优势还是劣势呢？从上面这个具体项目情境反映出的问题看，这对团队来说真的是一个实实在在的劣势：由于客户不具备相关技术背景，难免会提出一些不专业的，有时甚至是异想天开、一厢情愿的要求，这无疑会给项目的实施造成困扰。不怕内行天天催，就怕外行瞎指挥嘛！

但是，在甲方不具备专业知识的情况下，乙方面对的就一定是干扰和麻烦吗？我们很多人都有过家庭装修的经历，为了能让自己拥有一套心仪的住宅，在和装修公司签订合同前一定会反复修改装修方案。但是，即便再深思熟虑，最后验收结算的时候，也几乎100%会超出最初的预算：各种修改、各种增项让我们不得不掏出更多的钱。可是仔细想一想，多出来的这些开销，有多少是我们自己主动提出的新需求产生的呢？"这个材料效果更好，我们用得多了，价格也只是高一点儿""如果在这儿加个造型，肯定更好看""床边必须得加个开关、加个电源啊，方便最重要，听我的，放心吧"……这些话听着耳熟吧，没错，都是装修公司的工长们建议我们这样做、那样做，哪一条听着都格外有道理，而结果就是痛并快乐着的超支！正是因为我们大多数人对于装修行业是陌生的，工长们才有机会用各种手段把合同做大再做大，其中的用意自不必说。

一般情况下，项目的实施一方在技术、经验等方面通常都要优于客户，如果能抓住这个优势，树立专家身份，就能增强自己在项目中的话语权，并赢得客户的信赖和认可。我记得刚做技术维护工程师的时候，到现场处理客户的通信设备故障时心里总是很忐忑，如果客户再围在边上，感觉就更紧张了。后来，一些有经验的老工程师教给我一个好办法：接到任务前一定先做好充分的分析、判断工作，人还没到现场，就要对设备故障做到心中有数，必要时可以请专家帮忙"会诊"。等到了现场，一定要表现得自信，比如可以当着客户的面，先做几个安全的、常规的查询操作，最好连鼠标都不用，全部键盘快捷键！行云流水一般的操作，目的就是告诉客户：专家来了，放心吧！如果真的遇到了自己解决不了的问题，也最好不要当着客户的面打电话咨询，目的还是维护自己专家的形象。当然，这种"表面文章"肯定治标不治本，但对于赢得客户的信任、缓和现场的紧张氛围、促进问题的解决，还是很有帮助的。

上述项目情境中的Q公司因为自身没有IT背景，所以在表达需求的过程中出现了言不达意、随心所欲的情况。但是如果M公司的项目经理能充分运用自身的技术优势，主动引导客户需求，而不是一味被动地接受、迎合，在控制范围内的问题上就会具有更多的主动性。

二是对待变更的态度。情境中提到："考虑到Q公司方面每次提出的需求并不是很大，项目经理夏炎为了能尽快实现项目一期的验收，更是考虑到后续项目的继续合作，对这些要求都采取了接受的态度。"按照项目管理知识体系的理论表述，这位项目经理在对待变更问题上出现了严重失误。不管出于对用户的敬畏、迎合，还是认为变更的内容微不足道，项目经理和团队在没有对变更需求进行更全面、认真的分析、评估的基础上，就盲目做出了接受的决定，这在理论上被称为"范围潜变"。既然是"潜变"，它所产生的负面影响往往是微小的。但是当这种看似微小的影响反复出现的时候，就会造成影响的积累和蔓延。当这种负面影响积累到一定程度后，量变必然转化为质变，直接的结果就是项目的既定范围出现了重大偏差，并且这种偏差的纠正往往代价和难度很大，甚至导致项目的失败。

对于绝大多数项目，过程中的变更确实是难以避免的，尤其是上面具体情境中这种软件研发类项目，有的时候项目就是在无数的变更中不断调整着范围和方向，并最终达到那个事前无法准确确定的目标。所以，变更既无法杜绝，也并不可怕，只要能让项目中的变更受到必要的控制，就不会危及项目自身的安全。

关于变更控制的原则，归纳起来可以用4个词概括：有据可查、全面分析、理智对待、严肃决策。简单说，客户提出的变更要求应该被记录在案，即使客户自己不愿意写，项目团队也要主动将变更要求记录下来，并要求对方签字确认。被记录的变更要求只有经过全面的分析、评估，才能得出接受或拒绝的结论——不会对项目自身造成破坏性影响的变更才能被接受，否则应该予以拒绝。如果这个变更要求预计将造成比较大的影响，项目经理应该有意识地请相关领导帮助做出决策。总之，项目经理应该坚持并传递出这样一种信念：严格地控制变更并不是给客户添麻烦，而是对客户、对项目认真负责的最直接体现。一味迁就客户，忽视变更管理，表面上讨得了客户一时的欢心，长远看却是给项目留下了严重的隐患，最终反而会损害客户甚至团队自身的根本利益。

三是对干系人需求的管理。项目临近验收，突然有人跳出来反对，这对项目经理来说不啻当头一棒！看似突然，其实导致这个意外发生的根本原因，往往早就已经出现了。越来越多的项目实践显示，那些与项目活动过程或结果有各种利益牵连的干系人，往往是决定一个项目成功与否的最核心因素。就这个情境中描述的情况而言，项目经理如果能及早识别出这位采购部刘经理在项目最终验收时所起到的作用，主动理解他的真实需求，并通过适当的方式、方法，及时满足他的愿望，这种关键时刻泼冷水的尴尬情景可能就化为无形了。

对项目过程的管理是一个系统工作，任何一方面出现失误都可能造成严重的后果。作为项目经理，掌握充分的项目管理知识，辅以必要的经验和技能，才能更顺利地带领团队实现预定的目标。

【情境回顾】

1. 在客户一方技术能力有限的情况下，项目经理应该充分发挥自身团队的技术优势，主动影响和引导客户需求。

2. 在对待变更问题时，项目经理应该做到有据可查、全面分析、理智对待、严肃决策，这样才能让变更受控。

3. 项目经理应该尽早了解和掌握关键干系人的真实需求，通过适当的方式、方法，及时满足干系人的愿望，可以有效化解工作中的障碍和矛盾。

全无规划，项目最终遭失败

【情境再现】

Z公司为客户新建两套保障性业务系统，按合同规定，协议签订后客户一次性付清全款。为了能赶在下一个财务年度之前让新系统投入使用，客户要求立即启动项目实施。时间确实很紧迫，加上整体复杂性和难度都不大，于是项目在无专职项目经理、无实施前调研、无实施方案的"三无"状态下开始了。

公司技术部的工程师到现场后，全部按照客户的想法进行安装实施工作，导致所部署的系统完全无法运行，只能推倒重来。客户方认为这是工程师能力不足导致的，因此要求更换工程师。

第二任工程师接手后，依然没有进行调研，也没有撰写具体的实施方案，完全根据个人经验部署。部署完成后才发现客户提供的硬件环境不符合软件要求，只能二次推倒重做。这让客户很恼火，于是第二次要求更换工程师。

在这种情况下，公司任命专职项目经理吕波接手工作。在了解项目过程后，吕波做的第一件事就是去现场与客户沟通需求，并赔礼道歉……在沟通会上，吕波发现，客户对软件功能的具体需求完全停留在售前工程师的吹嘘中，其中大部功能只能勉强实现，个别功能甚至完全无法实现。

吕波向公司报告，客户需求没有被跟踪且毫无保障，更无法约束。公司的态度是，尽快实施尽快结项，能做到什么地步先做到什么地步，差什么最后再说，实在不行最后想办法通过商务手段解决。

再次部署后，两个系统总算勉强运行起来了，但是由于缺乏前期规划，所有环境参数都是工程师现场根据经验提出的要求，导致故障不断。并且，功能上与客户的理解有很大偏差，这导致客户内部整体使用感受不佳，实质上两个新建系统基本上都处于无人问津的瘫痪状态。

由于以上原因，客户对此项目不予结项，并要求公司持续关注。但是由于投入人工过大，且没有及时止损，经与客户多次交涉后，此项目最终不了了之。

【情境分析】

这个项目情境反映的是一个最终失败的项目，听起来是不是有些荒唐和不可思议？很遗憾，这真的是一个曾经发生过的真实情况！我们来分析一下，看看这个奇葩的项目有哪些主要问题。

客户能一次性付清全款，说明这个项目本身的规模并不太大，并且客户关系的基础应该也不错。这本来是确保项目成功非常有利的因素。但实际上，这个原本有利的因素却恰恰成了它最终失败的重要原因：该项目完全没有得到应有的重视，特别是高层领导的重视，以至于在无专职项目经理、无实施前调研、无实施方案的"三无"状态下就开始了。

根据项目管理知识体系的观点，得到高层领导的关注和支持，是一个项目获得最终成功的最重要的前提条件之一。由于高层领导掌握最终的资源调配权力，在组织整体资源、资金有限的情况下，他必然会将更优质、更充足的资源优先用在那些与组织战略密切相关的、能给组织带来最大收益的项目活动中。所以，得到高层领导的关注，往往就意味着必要的资源有了保证。反之，一旦项目不能获得领导的支持，仅凭项目经理自己有限的权力，通常很难确保在与其他项目特别是那些优先级更高的项目争夺资源时占据优势。由于资源的匮乏，项目所面临的风险也会更加严重。上面情境中的项目，恰恰就没有获得高层领导的足够关注，可以说这已经为它最终的失败埋下了伏笔。

项目本身规模小、简单，并不意味着管理的难度也同样小。再小的项目，实施者如果缺乏认真、严谨的态度，也一样会出大问题。第一位工程师的表现完全像一名毫无经验新员工："全部按照客户的想法进行安装实施工作，导致所部署的系统完全无法运行，只能推倒重来。"作为实施、交付的一方，必须对自己所承担的具体工作范围和要求有清晰、全面的理解，自己所做的每一个操作，都要有准确的预期：为什么要这样做？这样做会产生什么结果？这个结果是不是期望中的？如果可能偏离预期，这个偏离预期的结果是不是在可以承受的范围之内？只有搞清楚这一系列的问题，才能保证工作是正确并且是安全的。一味地听从客户的指示，而没有自己的理解与判断，别人推一步，自己就走一步，这和没有生命的棋子无异。但人终究不是棋子，人是要为工作结果承担责任的。其实，从具体情境的描述中我们可以推测，第一次项目工作的失败，客户也有一定的责任，但这个责任最终是由"棋子"来背的——客户要求更换工程师。

相对于第一位工程师，第二位显然有了比较丰富的经验，应该是一位老员工了。但是他依然没有遵守项目管理的原则：在没有任何事前规划的情况下，仅凭自己的经验就开始了工作！经验是每个项目团队成员最宝贵的"个人资产"，它能让我们在工作中更加自信，更加主动，特别是可以有效减少出错的概率。但是经验不是万能的，如果一味地依赖经验，就会让人陷入盲动。加之项目本身的独特性特点，任何两个项目都不可能完全相同，如果不加区别地将以往的经验直接用在当前的项目上，无异于刻舟求剑，最终落得一个失败的结果，也就没有什么意外了。

接下来，正式任命的项目经理，这个具体情境中的吕波，让命运多舛的工作出现了转机，终于按照项目管理的规范思路予以实施了。但令人遗憾的是，项目经理在与客户的沟通中得知，他遇到了交付环节中最让人头疼的问题：前期过度承诺！之前答应客户的很多功能、特性实际上是无法充分实现的！从道理上说，市场部门拿单的初衷没有任何问题，甚至为了在激烈的竞争中能赢得客户的认可，适度的夸大、合理的让步、必要的承诺也是没有办法的办法。但是签单不等于结束，而仅仅是工作的开始，顺利实施、最终交付给客户满意的成果才是关键！

当市场部门为了赢得订单，不得已做出了一些超出自身能力的承诺时，一定不要忘记在第一时间如实地告知相关部门，如研发、测试、生产、交付等团队，让这些重要的项目参与者能尽早做到心中有数。在这个问题上，更要有项目的"矩阵思想"，虽然大家的工作内容不同，但出发点是一致的：让公司的收益最大化。这样做既可以为实施交付工作及时规划必要的应对措施，也能及早发现那些实际上真的"不能完成的任务"，以便能提前采取有效的变通方案。如果销售人员只是站在自己部门，甚至个人利益的角度，只要签单就觉得万事大吉，后续工作于己无关，就会出现给交付、实施环节"埋地雷""挖坑"的情况。这不但会给交付团队带来麻烦，客观上也会损害市场部门甚至公司在客户心目中的形象。更严重的是，会造成各部门间的互不信任，甚至是矛盾、冲突，严重破坏公司的整体实力。

其实，市场部门和交付团队应该是相互配合、相互促进的合作关系。市场部门有天然的客户关系优势，交付团队在项目具体实施过程中遇到了难以协调、沟通的问题，客户经理可以更便利地帮助解决；而交付团队的活动直接决定项目的状态、进展，能够配合客户经理在与客户沟通时提供严谨、准确的信息，这也更有助于赢得对方对客户经理的认可与信任。

情境中，公司领导提出"实在不行最后想办法通过商务手段解决"，这种单纯把商务手段当作最后一张牌的想法显然是不正确的，合理合法的市场手段也不是包治百病的神药，特别是针对那些复杂的问题，只有通过组织中各个部门的通力协作，相互配合，才能让问题得到更好的解决。

回顾这个看起来并不复杂，却有几分"奇葩"的小项目，虽然最终以失败告终，但值得我们汲取的教训是深刻的。项目管理活动本身是严肃、认真的工作，一旦从思想上放松了要求，小项目也会出大问题。而一旦出现问题，必然会导致客户满意度的下降，要么需要投入更多的资源、成本以挽回负面影响，要么就可能面临在整个行业圈子内留下令人难堪的不良印象，由此所造成的直接、间接的损失真的是难以估量的。因此，只有时刻保持严谨、认真的态度，坚持贯彻项目管理的思想与原则，才能在工作中少走弯路，提高项目最终成功的概率。

【情境回顾】

1. 得到高层领导的关注和支持，是一个项目获得最终成功的最重要的前提条件之一。

2. 即使是小的项目，实施者也要有认真、严谨的态度，必须对自己所承担的具体工作范围和要求有清晰、全面的理解。

3. 项目工作不可一味依赖经验，如果不加区别地将以往的经验直接用在当前的项目上，无异于刻舟求剑。

4. 市场部门和交付团队应该相互配合，复杂的问题只有通过组织中各个部门的通力协作才能得到更好的解决。

一变再变，新建项目收尾难

CJ公司承接了一个为客户提供虚拟化平台的IT项目。项目的目标在合同需求中有明确说明，具体如下。

（1）新建虚拟化平台。

（2）将现有邮件系统升级至群集，并放置于虚拟化平台上。

（3）将虚拟化平台加入客户已有的备份系统中。

徐峰被任命为项目经理，负责项目的整体交付工作。实施过程虽然不算一帆风顺，但经过一段时间的努力，项目团队还是比较顺利地完成了合同中预定的目标。眼看交付工作就要整体结束了，有些完成了具体技术工作的团队成员已经陆续转到了别的项目上。就在胜利在望的时候，没想到麻烦出现了！

在项目的收尾阶段，客户突然提出备份系统有故障作业，要求项目组一并给予处理。由于项目范围说明里面已经明确定义了具体的工作要求：项目组仅负责"将虚拟化系统加入备份系统中"，客户提出的故障作业不在项目范围之内。故此，项目经理徐峰对该要求予以拒绝，然后故事就开始了。

当徐峰找客户签验收证书的时候，客户不同意签字，坚持要求解决故障作业。经过反复沟通依然无果后，徐峰询问自己的主管是否可以响应客户要求，并得到了主管的批准。

然而在具体执行过程中，由于故障作业问题无法解决，处理方法只好升级为优化客户所有备份策略。

没想到优化操作完成后，故障更加频繁了，以至于客户的高层领导拍着桌子质问项目组到底做了什么！

为尽快解决问题，项目团队将故障升级到备份软件原厂，原厂工程师检测后给出的答复是，客户的备份系统架构有问题。

经过几轮的沟通和扯皮，客户决定针对原厂推荐的架构进行测试。测试完成后，确实证明了原厂的观点，客户开始要求项目组针对备份系统架构变更提供方案和解决办法。

可是很快，客户变卦了，要求改为架构变更前先针对全环境进行备份测试。

没想到不久客户再次变卦，决定将架构变更糅在另一个项目里面进行（因为涉及硬件采购等）。

接下来是客户第三次变卦，要求针对核心业务系统先行测试，架构变更项目暂停。

第四次变卦，核心业务系统测试环境要永久保留。客户要求项目组针对剩余业务系统的备份环境提出新的整改意见。

让项目经理徐峰无比纠结的是，所有客户变更都是经过正式流程提出的。以上问题，一直到现在还在折腾中……

【情境分析】

这确实是一个令人纠结的项目，原本已经看到了胜利的曙光，想不到在即将冲过终点的时候，却失足掉进了一个看不见底的深坑！

按照项目通用生命周期的曲线图理解，越是项目早期，不确定的风险越多，而随着工作的推进，可能发生的风险总体数量将越来越少，直至项目最终结束。一般来说，在项目已经进入收尾阶段后，确实不会再有什么太多的风险，但是，风险发生的数量少，不代表风险的影响也小。恰恰相反，越接近结束的时候，风险造成的影响会越大！

　　具体到这个项目情境，导致项目最终无法验收的主要原因可能包括以下几个方面：项目范围的确定、验收标准的确定，以及与重要干系人之间的沟通。我们先看看在项目范围的确定上，存在哪些问题。

　　一个项目的范围，总体来说包括产品范围和项目范围两层含义，产品范围是指具体项目成果所应该具有的所有功能、特性；而项目范围指的是为了得到具有特定功能、特性的产品，而必须完成的所有工作的总和。我们知道，形成准确范围的最重要的依据就是项目的具体目标。情境中提到，项目的目标之一是"将虚拟化平台加入客户已有的备份系统中"，而导致后来所有问题的根源，也恰恰是"备份系统有故障作业"，用户要求给予彻底解决。

　　单纯看这个目标的描述似乎没有什么不妥，但是在系统验收时，项目经理以"项目范围说明里面已经明确定义：项目组仅负责'将虚拟化系统加入备份系统中'"为由，拒绝对"备份系统有故障作业"承担责任，显然是没有说服力的。这有点儿像一个国外的笑话，某人号称神医，专治驼背。病人来了，他让人家趴在地上，然后把一块门板放到驼背人的背上，就要上去踩。别人拉住他：万一把人踩坏了怎么办？这位神医却理直气壮地说：我治的是驼背，谁管他死活！

　　抛开具体的技术细节，将新建系统加入既有系统中，确保既有系统的正常使用应该是最基本的要求，不论哪个行业，都不应该例外。相信项目经理在拒绝对出现的问题承担责任时，底气也不会十足吧。问题就出在了最初目标的设定：除了将新建虚拟化平台加入客户已有的备份系统中以外，还应保证与备份系统兼容，并确保已有系统工作正常。这一补充内容的缺失直接导致厂家忽视了新建平台可能对既有系统的影响。从情境描述中可以知道，正是新建平台与既有系统的兼容性问题，引出了后面的一系列麻烦。也正是这个看似不大的疏忽，为项目团队埋下了一颗日后难以排除的"定时炸弹"。

　　这也再次凸显出为项目活动准确、全面定义范围的重要性，它可以帮助项目团队尽早明确需要完成的工作，及时发现项目生命周期中可能出现的隐患。如果项目情境中的厂家能及早意识到上面说的问题，相信在项目的早期就会投入必要的测试、论证工作，也许就能更早地发现问题，而不是等到最终验收时才被动地仓促应对。

通过这个项目情境，值得我们思考另一个问题是验收标准的确定。很多的行业、领域，在对最终成果进行验收时，都会把相关国家标准、企业标准、行业标准，甚至相关国际标准当作项目验收的依据。这样看来，所谓验收标准是不需要项目团队操心的：标准是现成的，拿来用就是了。

其实上面的想法是不正确的，上述那些标准都是相对完整的体系，即使可以作为具体项目的验收依据，也一定是从中选择相关的指标、要求，而不可能全部使用。这就存在一个具体如何选择、如何确定的问题。实践经验告诉我们，这个标准一定要得到双方的确认才能生效，而这个确认过程可能要经过多次的反复，会消耗比较长的时间。所以，验收标准的确定原则上越早越好，并且一定要明确。

站在项目团队一方，验收标准的制定权务必要抓在自己手中，因为一旦由客户主导了，项目工作就可能会变得非常被动。所谓抓住主动权，就是要主动提交验收规范，供客户评审。这样即便有调整、有增删，总体也是在项目团队的规范框架内，这将为项目的最终验收争取主动。在这个项目情境中，如果团队能尽早确定最终成果的验收标准，也会有助于及时发现问题隐患，以便及时采取应对措施。

大量的项目实践表明，决定项目是否最终成功的决定性因素，越来越集中到了干系人身上。从这个项目情境的描述中也可以体会到这一点。案例中罗列了大量客户技术需求发生变更的记录，并且特别说明，所有变更都是通过正常流程完成的。这样看来，流程也是一把双刃剑，正是严谨的技术流程，将这个原本可以马上顺利结束的项目一步步引入了深渊。在这样的情况下，该项目的负责人应该在聚焦技术的同时，把目光投向更关键的干系人，比如双方的高层领导。

根据情境描述，该项目验收之前的工作还是比较顺利的，这对于赢得客户的信任与满意非常重要。在客户总体满意的基础上，将一时难以通过技术手段彻底解决的问题上升到管理层，通过适当、合理的变通手段，完全有可能化解当前尴尬的局面。比如优先对已经完成的部分成果给予验收，并成为合同回款的依据。同时对尚未处理的问题，可以记录在备忘录中，在双方协商的后续时间内按步骤完成，或者将当前出现的问题作为一个全新项目予以确立、执行，把风险转换为机遇，实现双赢。总之，当技术路线上出现了短期内难以逾越的障碍时，就一定要想办法从其他途径、寻找关键干系人作为突破口，以达到柳暗花明的结果。

项目活动的大量资源、精力都消耗在规划、执行和监控环节，但是在最终收尾的时候，也不能放松警惕，而是要始终保持冷静、理智的头脑，并善于运用合理变通的思想，以确保项目工作的最终圆满成功。

📝【情境回顾】

1. 通过对项目目标的全面解读，有助于形成严谨、准确的项目工作范围，并得到双方的认可。

2. 项目成果验收标准的制定工作要尽早开始，项目团队应该积极主动地提供验收规范的框架，这有助于未来在验收活动中争取主动。

3. 当技术路线上出现了短期内难以逾越的障碍时，就一定要想办法从其他途径寻找关键干系人作为突破口，通过迂回的方式让问题得到解决。

持续加班，团队成员很受伤

马光是某软件外包企业K公司的一名项目经理，年初他承接了一单开发合同的任务。根据合同条款规定，必须在当年9月底交付最终成果。然而，在项目实施过程中，因为客户多次出现需求调整的问题，导致项目工期的延误。经双方协商，将原定交付时间推迟到当年的12月31日，并且这个时间将是最后截止时间，一旦出现延误，将按合同中规定的处罚条款启动罚则。

合同的甲方是一家知名IT企业，双方之前也有过多次合作，总体情况还是良好的。随着行业竞争的不断加剧，保持与既有客户的长期合作成为K公司的一项重要战略。为了确保合同按时交付，公司领导专门找到该项目的项目经理马光，当面向他说明了这单合同的重要性。"接下来这段时间真的要多辛苦了，这单合同千万不能出差错啊！如果按要求完成项目，咱们明年的日子就能好过很多，年终奖我也保证让大家满意！多加加班吧，每天晚点儿走，也少休息几个周末，都按加班给大家算，有加班费！"

马光把领导的意思转达给了团队，并根据当前项目的状态，要求项目组从即日起，每天的下班时间从下午6:00延长到8:00，并且把双休日改为单休，如果没有特殊情况，这种状态将持续到年底，以确保项目按要求完成交付。为了让团队成员有积极性，他还特别强调领导已经答应按加班处理，并通过加班费的方式给予大家合理的经济补偿。

随着时间的流逝，马光感到作为项目经理，自己身上的压力越来越大。一方面，领导当面提出的按时交付的要求不允许打折扣；另一方面，自己团队的表现也让他很难不担心！已经按领导的要求加班快2个月了，可是眼看大家的工作效率没有明显的提高。中午在餐厅排队打饭的时候，项目经理无意中听旁边的人提到他团队里的两位同事，说他们正打算离职。

最终交付日期一天天临近了，如果照这样的工作状态继续下去，项目超期的风险越来越大，项目经理该怎么办呢？

【情境分析】

这个情境中描述的问题，在现实项目活动中确实具有一定的普遍性：为了满足项目需求、实现目标，项目团队临时或在一段时间内需要比较高强度的持续加班、冲刺，这种情况在很多行业中都并不罕见。加班对我们大多数项目成员来说，实在是一件稀松平常的事。

加班本身不是目的，加班的目的是完成更多的工作，是为了提高项目的绩效。但是对大多数人来说，加班都不是一个愉快的经历！增加的工作量、延长的工作时间，无疑都会让我们感到身体疲惫、精神紧张。特别是当加班成为常态的时候，团队的士气和工作绩效难免会出现低落的情况，这也往往是项目经理面临的最大问题。项目经理应该怎么办呢？

项目经理必须要有一个端正的认识，那就是不要把加班当作解决问题的灵丹妙药。往大了说，有《中华人民共和国劳动法》，劳动者的合理工作时间是受到法律的约束和保护的。具体到我们要面对的每一个项目工作，也应该在如何通过科学规划、规范管理来提高效率上多花心思、下功夫，而不是在混乱无序的状态下，依赖大量的加班来满足工作的要求。没有节制的加班也是一种"高能耗""高污染"的表现，它消耗的是员工的身心健康，它污染的是人们对工作的认知：加班是必须的，加班是无法避免的，加班就是打工人的宿命！

面对汹涌而至的工作压力，项目经理首先应该考虑的不是加班，而是计划。不论在相对传统的领域中得到广泛应用的项目管理知识体系，还是以软件行业为代表的敏捷管理思想，都把"计划先行"作为最核心的原则。先将项目工作按生命周期划分为不同的阶段，再根据具体的"关门时间"，采用所谓"倒排工期法"，推导出各个项目阶段工作的开始与结束时间。当然，"时间"并不是完成工作的唯一线索，项目管理也不等于单纯的进度管理。为工作制订计划是一件全方位、综合考虑的活动，需要有更多的团队成员参与进来，共同完成。充分考虑范围、成本、资源、风险等各方面的约束与平衡，才能制订出切实可行的工作计划。俗话说，磨刀不误砍柴工。前期的必要规划，过程中的规范执行、密切监督，特别是做好变更与风险管控，随时关注干系人的动态，这样的项目最终获得成功的可能性将大大提升，这也正是项目管理思想、理论的价值所在：向管理要效益，而不是靠加班拼业绩！

当然，靠管理并不能杜绝加班，适当、必要的加班本身也是正常项目工作的一部分。当加班无法避免的时候，项目经理应该怎么做呢？

首先，应该让团队成员知道为什么要加班。上面情境描述中说，"随着行业竞争的不断加剧，保持与既有客户的长期合作成为该软件外包企业的一项重要战略"，而领导要求采取非常态的工作节奏，以确保这个项目能按时完成，显然也是为了满足这一企业战略目标。领导把这个项目的重要意义和战略价值告诉了项目经理，项目经理也应该将这些信息传递给自己的团队成员，最好的情况是请高层经理直接向团队成员说明这个项目的意义。根据弗鲁姆的期望理论，一个人如果对他所从事的活动有清晰的了解，他就会产生完成这个活动的动力，而这个具体活动的价值和意义越大，相应完成活动的动力也就会越大。所以，通过领导的嘴，让大家更清晰、直接地了解到自己从事的活动的目的和价值，特别是明确必要的经济补偿，比如合理合法的加班费，对于提高团队的工作主动性将起到非常积极有效的作用。

其次，仅仅让大家知道加班的价值和意义肯定是不够的，所以接下来，项目经理需要展开持续的、多样的团队激励与建设活动。提到团队激励、团队建设，很多人脑子里的第一反应都是聚餐、郊游、年会、打球等活动。这些确实都是常见的，并且也是非常有效的团队激励与建设的方式。项目经理应该有意识地主动向领导争取必要的资源、资金，适时、适量地组织一些大家乐于参与的活动，以使得紧张的身心得以放松。包括在条件允许的范围内，发放一些实物型的福利，比如餐后水果、晚上加班期间适量的零食、时间过晚的时候给员工报销回家打车的费用等。但是作为项目经理，没时间、没资源的现实状况决定了他们通常难以使用更多物质的激励手段，来满足团队成员的需求。因此，项目经理更应该将目光聚焦于精神层面，用心挖掘团队成员的心理需求。

千万不要小看了人们的心理需求，一旦在心理上获得了满足，所焕发出来的动力和热情往往是物质激励无法企及的。当然，满足心理、精神上的需要也不是件简单的事情，项目经理必须准确地识别每个人的真实且不同的要求。在这个过程中，项目经理的情商将发挥重要的作用。这里无法也无意给出逐一的精神激励方法，因为这确实需要项目经理通过自己的观察、理解，辅以同团队成员的坦诚沟通才能获得。在这个过程中，将心比心、换位思考是最有效的工具，如果项目经理在力所能及的情况下能解决他们生活中的具体困难，将获得更好的效果。

至于团队建设活动，其实可以通过各种形式来实施，而不仅仅只有休闲、娱乐的方式。甚至在工作中，也有一些可以起到激发大家工作热情、身心获得放松的方法。比如，更换个开会的地点。很多人对会议都没有好感，一提开会就头疼。但是会议又是项目活动中无法替代的沟通方式，项目越是复杂，会议就越多。但是，如果将会议地点更换为更加让人放松的户外、绿地、咖啡厅，参会者的心情首先就会有所放松。轻松的环境中讨论工作问题，解决的效率将大大提升。团队建设的目的就是提升工作效率，因此，不要被团队建设的形式所拘泥，项目经理应该开动脑筋，通过更灵活、多变，特别是持续的方式展开团队建设活动，这是保证项目工作高效推进的最重要手段。

当然，在团队中也难免会有一些另类的声音，比如抱怨、挑剔、指责他人等。对于这些有害于团队氛围、破坏团队合作的行为，项目经理务必给予高度重视。除了公平、公正地解决问题，对于那些因价值观层面的原因导致的消极、懈怠行为，一定要及时采取必要措施，因为这种负面的情绪会极大地损害团队合作，甚至导致团队的解体。

加班、工作压力大，这些让人不愉快的因素在具体工作中是难以避免的，如何在这种特定的环境因素制约下顺利开展工作，并实现目标，是对项目经理最大的考验。而合理运用项目管理知识体系各个领域的工具方法，以及体现项目经理情商的"软技能"，是解决问题的有效途径。

📝【情境回顾】

1. 不要把加班当作解决项目问题的灵丹妙药，没有节制的加班也是一种"高能耗""高污染"的表现。

2. 面对繁重的工作压力，项目经理首先要考虑的是制订计划，向管理要效益，而不是靠加班拼业绩。

3. 如果必须加班，首先要让团队成员清楚地知道加班的理由，这对于提高团队的工作主动性将起到非常积极有效的作用。

4. 在项目过程中，项目经理需要展开持续、多样的团队激励与建设活动，灵活运用各种"软技能"来维持和改善工作绩效。

监控不严，软件硬件起冲突

S公司为K企业提供某专业系统自动化开发服务。在双方确认的合同中规定，由S公司负责完整的技术方案，并提供相应的定制软件，而系统运行所需的全部硬件设备需要K公司按技术方案的要求自行采购。

项目经理刘鹏按要求在提供了配套的硬件解决方案后，即进入软件的开发过程，没再过问硬件的事情。随着研发工作的推进，原先设计的硬件设备方案发生了一些调整，增加了部分费用，刘鹏也及时地将这种情况通知了客户。因为项目规模较大，K企业在采购硬件设备的过程中认为S公司给出的配置方案费用偏高，可能会超出自己的预算，于是在没有通知S公司的情况下自行选择了另一系列配套硬件。

4个月后，专门定制的软件完成了，并通过了模拟系统的测试，证明满足客户在合同中提出的功能、性能需求。项目中最关键的环节已经顺利完成了，这让刘鹏长长地出了口气。按计划，接下来的工作就是搭建硬件平台，然后将新软件导入，完整的新系统即可投入压力测试，之后就是正式测试验收，不出意外的话，整个项目将在1个月后顺利结束。

但是，让人没想到的事情发生了：系统在上线部署的时候，项目团队发现甲方自行购置的硬件出现了兼容性问题，与当前的软件系统存在冲突。如果按软件要求重新配置硬件，将有很多设备需要重新采购；但是如果依据当前客户采购的既有硬件环境修改软件，经团队评估，在原有工期及成本内将无法完成项目。

问题出来了，这让客户也很头疼。在双方领导都出席的会议上，K公司虽然承认自己调整采购的硬件配置存在考虑欠周的过失，但同时也对S公司项目组没有及时干预提出了质疑：项目的最终目标是要确保系统工作正常，这种"只扫自家门前雪"的态度也是造成当前问题的原因之一。

刘鹏觉得，自己都是按合同、按计划做的，让自己背这个锅太冤了吧？

【情境分析】

从项目情境描述看，导致最终问题出现的原因是，客户一方在没有通知项目组的情况下擅自更改了硬件采购方案，才造成软件与硬件的冲突。确实，客户在这个项目中有不当的行为，甚至从合同角度看，在法律层面也应该承担一定的责任。但是，作为项目管理活动的主体项目经理，在哪些方面也的确存在一些不当的疏漏呢？

首先，项目经理刘鹏没有尽到对项目全程的监督与控制的责任。项目经理不但要对最终的目标负责，同时也要随时关注工作过程中的每一个环节，以确保过程符合要求。这个要求看起来合情合理，甚至是"天经地义"，但是在现实中，确实有很多项目经理在这个问题上出现了疏漏，而最常见的环节就是外包。

越来越多的项目活动中需要由第三方来承担相应的工作份额，既可能涉及软硬件产品，也可能是特定的专业服务。这些工作内容，通常包括双方需要承担的责任和义务，一般要通过正式合同的方式予以确认。这也就意味着，项目经理在管理自己组建的团队以外，还要承担对合作伙伴、供应商工作情况的监控任务。也许有人会说，这部分工作已经外包了，特别是已经有了合同的约束，项目经理只要等结果就可以了，具体活动的实施与管理应该由对应的外包商完成才对。理论上确实是这样，外包商负责具体工作的完成，但是项目经理对外包部分的工作如果采取完全不予理会、只等最终结果的态度，往往会遇到意想不到的风险，甚至是无法补救的缺陷。即使依据合同条款，违约一方会受到相应的处罚，但对于最终的项目目标而言，失败的结果却已经无法改变了。

在上面这个情境中，作为项目活动一部分的硬件采购工作，根据合同条款的规定，应该由客户，也就是甲方自行负责解决，这就类似我们说的任务"外包"。我们看到，项目经理在提供了对应硬件配置后，就"没再过问硬件的事情"，而是一头扎在由自己团队负责的软件研发工作中了。虽然硬件的采购责任在客户，但是这些硬件与项目经理"更关心"的软件是密切相关的，一旦出现问题，也会对项目的进展及目标的实现造成严重影响。事实也是这样，眼看项目就可以顺利收尾的时候，因为项目经理完全没有关注的硬件配置发生了改动，导致整个项目遭遇到了严重的风险。

项目经理负责项目活动全程的管控，但是针对这种"外包"的工作内容，应该如何监督呢？难道也要项目经理全面参与具体工作的实施吗？这显然是不现实的，也是不应该的。这里所说的"监督"，更强调对工作过程状态的及时掌握，以及对变更的全面评估。当我们为客户执行项目工作时，客户是甲方，会要求我们定期或不定期地提供项目周报、月报，目的是让这些关键干系人能及时了解工作进展及问题的解决情况。

当我们面对合作伙伴的时候，我们是甲方，所以我们也应该要求我们的外包商向我们提供及时、详细的工作信息。外包商需要提供的产品、服务或成果应该以何种形式、在什么时间点与其他项目活动实现恰当的对接，决定了整体项目目标是否能顺利达成。这个项目情境中，正是因为项目经理没有过问与硬件相关的工作，而是采取了"大撒手"的态度，等发现出了问题，严重的后果已经无法避免了。

表面上看可能是项目经理和客户的沟通不够、信息不畅才导致问题的发生，但是深究根本原因，还是项目经理放松了自己对工作过程的监督控制导致的。尽管可能会有类似违约罚则、处罚条款等对具体活动有刚性约束，但还是那句话：影响了项目的实施，目标难以实现，最终要承担责任的还是项目经理。

当然，客户一方在这个具体项目情境中的过失也是明显的，正是客户在没有通知项目经理和团队的情况下擅自更改方案，才导致软件和硬件出现冲突。虽然事实如此，但是大量的实践工作的经验教训告诉我们，即使有详细的合同条款，有明确的责任划分，往往也并不是每一个问题都要严肃地依据合同条款追责、处罚。我们处在一个更强调人情、关系的社会环境中，这个最大的环境因素决定了我们解决冲突、矛盾的方式和特点。在多数情况下，我们一般都不会和客户撕破脸，特别是考虑到长期合作、占领市场等问题，即便出现了纠纷，也往往采用协商、妥协的手段来处理问题。当然，最好的情况还是别出问题，所以，我们更应该考虑的是如何预防。

其次，缺乏一套完善的变更管理流程。这个具体情境中，如果站在客户的角度，做出这样的调整显然也不是完全没有道理的。过高的硬件成本，特别是原计划的调整使得费用进一步增加，是客户修改硬件配置的重要原因。在出现了不同于原计划的变更时，项目经理做的还是正确的——"及时地将这种情况通知了客户"，但是客户一方在自己修改了硬件配置后，并没有及时告知项目经理，从而导致问题的发生。所以，要预防这种问题的发生，项目经理应该在项目实施过程中有意识地建立一套完整的变更管理流程。

实际上，不论是甲方还是乙方，即便有各自的利益诉求，但在实现项目目标这个问题上一定没有异议。为了让变更受控，不威胁目标的实现，在对具体项目工作进行监控时，最核心的要务是确保变更信息能够及时、准确地传递，并且是在充分评估的基础上做出决策。

项目经理应该理清客户一方及自己所在组织的决策链，将变更管理流程化、制度化，让重要的变更在实施之前能得到全面的评估及双方重要干系人的认可和支持，这样就可以有效避免破坏性的"节外生枝"，从而确保项目工作得到平稳的推进。

不忽略每一项工作，随时掌握最真实的项目状况，这是监控项目过程的基本原则。只有做到这一点，才能真正让项目活动受控，并最终实现目标。

【情境回顾】

1. 项目经理不但要对最终的目标负责，同时也要随时关注工作过程中的每一个环节，以确保过程符合要求。

2. 项目经理对外包部分的工作如果采取完全不予理会、只等最终结果的态度，往往会遇到意想不到的风险，甚至是无法补救的缺陷。

3. 项目经理对外包工作的监控主要体现在对工作过程状态的及时掌握，以及对变更的全面评估。

4. 项目经理应该将变更管理流程化、制度化，让重要的变更在实施之前能得到全面的评估及双方重要干系人的认可和支持。

釜底抽薪，团队资源没保证

F公司专门提供特种形态、小批量的特种机械零部件的生产制造。由于都是非标零件，加上有些客户提出的只是一个设计概念，因此F公司还要承担一定的研发工作任务。2个月前，F公司和L公司签订了合同，按合同要求，F公司必须在3个月内完成某特定要求的铝制构件。在样品通过验收测试后，还要提供同款零件50个。

这张订单的产品数量不算多，合同金额也不太大，利润水平一般，不过如果供货方不能按合同条款履约的话，也会承担相应的违约责任。

刘鹏被任命为项目经理，负责这个项目的实施管理工作。刘鹏已经在F公司工作了6年多了，也算是经验丰富的老项目经理。一接到任命，刘鹏就按正常的流程、规范，按时启动了项目，接下来组建团队、制订计划、获得批准。很快，团队工作正常运转起来了。特别让刘鹏感到放心的是，这段时间公司没有什么特别重要的大项目，所以自己有机会把好几位专家都拉进了团队，他们不但有经验，而且干劲儿十足。只要不发生大的偏差，照这样下去，按时交付应该不是问题了。

然而"好事多磨"，让刘鹏没有预料到的事情还是发生了：这天早上刚一上班，研发部张经理就给他打来电话，告诉他公司突然接到一个新的项目，考虑到这个新项目对公司的战略意义，大领导把原来在刘鹏团队工作的3名研发主力抽调过去了！

眼看自己项目的截止工期一天天临近，关键时刻却突然少了3名骨干，但客户要求丝毫没有改变，一旦延误就会面临违约罚款的后果。离客户要求的交付日期还有不到一个月的时间了，被调走的专家还能不能"抢回来"？自己的项目还有没有可能按要求保质保量完成呢？刘鹏一下子不知道该怎么办才好了。

【情境分析】

俗话说，巧妇难为无米之炊。对很多项目经理来说，资源是否能够得到充分的保障，是决定项目最终能否实现目标的最重要因素。在现实环境中，很多项目面临的最常见的问题之一就是资源紧缺，甚至资源不足，包括没有所需要的资源，或者在某些特定时间段不能得到相关资源的支持。这里的资源虽然泛指应用于项目生命周期以内的人、设备、环境、工具、场地等一切项目所需之物，但对工作影响最大的往往还是人力资源。

道理很简单：有人好办事。项目经理在苦于无人、无资源可用的时候，首先要搞清楚，你需要的人和资源是从哪里来的？很多人会说，哪里来的？当然是领导给分配、给安排的啊！没错，项目经理作为接受任命、管理和带领团队并最终实现项目目标的第一责任人，在团队人选的问题上往往没有过多的话语权。换句话说，什么人可以用、什么人不能用的决定权通常是掌握在别人——管理层手中的。

那么问题又进了一步：领导根据什么来给项目经理分配适当的人力和物力资源呢？当然要具体看项目能获得什么样的收益，对组织战略目标促进作用的大小！其实分析到这里，项目经理最应该关注的问题已经浮出水面了：如何确保自己的项目与组织的战略目标保持一致；同时，如何让领导更加关注和支持自己的项目。这才是确保项目目标最终实现的真正关键因素所在：因为一旦获得了高层领导的支持，资源问题也就自然迎刃而解了！

在第六版《项目管理知识体系指南》中，给出了针对项目经理的"能力三角形"。其中，专门提到了战略和商务能力。项目经理虽然处于执行层的位置，但是对于组织的战略同样要有足够清晰和准确的认知与理解。战略，听起来总是高大上的。举例说，假如组织将5年内成功上市作为自己当前的战略目标，那么在这期间，每一个被批准实施的项目，都要为促进公司上市提供动力；反之，不利于上市的任何活动，比如那种不能获得更大的市场份额的项目，即使利润能满足最低要求，也不应该作为优先投入和选择的对象。

虽然项目经理通常不会深度参与项目选择的工作，但是确保自己负责的项目在整个实施过程中始终与组织的战略保持一致，却是项目经理必备的能力与责任。项目所处的环境总是动态的，一旦受到包括市场及其他内外部环境因素影响，项目工作出现偏离战略方向的情况，作为项目经理必须能够以战略要求为基准，必要时做出适当的调整。因此，项目经理必须要对组织战略有清晰和准确的理解和把握。

以上面的项目情境为例，刘鹏负责的这个项目在最初得到批准时，恰逢"这段时间公司没有什么特别重要的大项目"，所以有机会"把好几位专家都拉进了团队"。然而，随着一个在战略上更加重要的项目的出现，他的项目资源受到了影响：3名研发主力被抽调走了！对于这种因为战略优先级而引发的资源变动，项目经理是不是只能被动地接受呢？并不是！

首先，要从对战略目标的贡献角度来对比和重新衡量项目的优先级。在理解组织战略的前提下，权衡自己的项目与新出现，并影响、占用了自己项目资源的新项目的价值关系。如果新项目确实有更重要的地位和价值，项目经理就要从满足战略需要的高度，主动接受当前的安排，重新调整自己的计划，合理运用既有资源，同时将资源缺失当作风险事件，给出合理的应对方案，再以此作为依据去寻求必要的支持，为项目接下来的推进做好准备。

其次，站在项目经理的角度，如果经过合理的分析与评估，得出的结论是自己当前的项目可能对于组织战略更有价值，项目经理就应该以分析评估的结论为依据，主动与高层领导沟通，充分说明自己项目的真实价值和影响，争取获得高层领导对自己项目的支持，力争"夺回"自己重要的资源，以便让项目工作继续按当前计划得到有序的实施和推进。

如何获得高层领导对自己项目的支持，与其说是技术，不如说是艺术，一些技巧的合理运用，会有效提高领导的重视程度，为获取充分和必要的项目资源提供帮助。最有效的原则就是及早沟通，并且确保获得领导的持续关注。

一般情况下，同一时间内会有多个项目在实施，这也是导致项目资源紧张的重要原因。从项目本身来说，只要是被允许执行的，其产生的或显性或隐性的收益一定都与组织的战略目标相一致，所以理论上都会得到高层领导的支持。当然，不同的项目有不同的规模、不同的成果，因而产生的收益大小也会有一定的差别。优质的、充足的资源自然会向更重要的项目倾斜。尽管如此，其他项目也并非没有生存的空间。所以项目经理即使承担了看起来不是非常关键的、具有战略意义的项目，也应该有意识地主动争取领导的支持。

最恰当的办法是从项目一开始，就主动争取到合理的关注。比如在项目启动之初，通过编写类似项目章程或项目经理任命书的正式文件，请领导批准，让领导对项目过程和目标有一个比较清晰、全面的了解；邀请领导参加启动会，给团队成员鼓劲儿；在项目实施过程中定期或不定期地让领导获知项目的最新状况（在这个环节中，要特别留意采取最恰当的汇报方式，以达到既全面、准确地传达了信息，又不会引起领导的反感的目的）；在遇到项目经理难以决策的问题时，及时请领导拍板；等等。当领导对具体项目有更清晰的印象时，他（她）支持这个项目的力度通常也就会变得更大了。

当项目资源发生变化或短缺的时候，项目经理应该本着"有理、有力、有节"的原则，立即向高层领导争取资源。所谓有理，是指申请资源要有依据、有计划，特别是要说明项目对组织战略的意义和价值，最好是书面的文档，而不能仅凭一张嘴。所谓有力，是指要明确说明资源一旦缺失，将可能导致的潜在风险及其后果。对风险的描述要客观，既不夸大，也不缩小。所谓有节，是指项目经理除了关注自己的项目需求外，也应该有必要的大局观。在申请资源的时候项目经理应该主动在允许的前提下，将需求压缩至最低，这不但可能增加自己项目获得资源支持的可能性，还能将对其他执行中的项目产生的不利影响降到最小。

无论是接受现状，还是积极主动地赢得高层领导的支持，"夺回"自己的项目资源，都要以项目工作对组织战略目标的作用与价值衡量为依据。作为项目经理，除了要在项目工作中合理运用规范、成熟的项目管理工具、方法、流程，做到"正确地做事"，还要确保自己对组织的战略目标与方向有清晰和准确的认识，以便在多变的环境因素影响下，让项目工作始终与战略目标保持一致，让自己"做正确的事"。

【情境回顾】

1. 项目资源有限甚至不足，是项目工作的常态。那些具体资源，包括人力资源和实物资源往往掌握在高层领导手中。

2. 作为执行层的项目经理，同样要对组织战略目标、战略方法有清晰、准确的理解和把握。

3. 当出现了比自己项目的战略优先级更高的项目，项目经理要有大局观，积极主动接受资源变化，以合理的计划应对并推进项目工作。

4. 以战略为依据，项目经理应该本着"有理、有力、有节"的原则，向高层领导争取资源支持。

虚拟团队，各司其职才高效

2020年初的新冠肺炎疫情把所有秩序都打乱了，很多企业遇到了前所未有的挑战。出于安全和防疫的需要，大量公司难以恢复正常运转。领导见不到员工，员工见到不到同事，个别单位就算开工了，也是各种艰难：办公场所没有空调，出来进去反复量体温，不管谁咳嗽一声都能把身边所有的人吓出一身冷汗！更要命的是，就算你的单位勉强开工了，可这边见不到客户，那边找不着供应商，正常的产业链已经断开了。以前大家总是抱怨春节假期短，希望能多歇几天。这回确实是歇得刻骨铭心！从小就觉得马克思说的"劳动是人的第一需求"是站着说话不腰疼，现在真体会到了想要工作的冲动，因为躺得时间长了腰也疼！对很多人来说，这辈子也忘不了2020年这个史无前例的春节大假！

韩勇被封闭在家40多天了。虽然不在重灾区，可当地的管控措施一点儿也不松动。尽管正式复工的日子还要等官方的通知，但是"线上办公"已经有2周了。韩勇是一家展会策划公司的项目经理，主要负责为客户提供大型展会活动的布展设计与实施工作。春节前他被安排完成某汽车企业海外展会的场地设计项目，刚刚开始客户需求沟通阶段。突如其来的疫情把原计划彻底打乱了，不但所有与客户的面谈全部取消，改为线上方式，团队内部的工作安排与沟通也要通过网络实现了。

其实韩勇对这种不见面的工作方式一点儿也不陌生，之前的项目里也少不了邮件、电话、微信、QQ，要是有外地的同事、供应商，还时不时地开个视频会议。不过现在没有了线下的交流，所有工作都转移到网上了，一些平时线下工作中不太明显的问题，都浮现了出来：一个问题来回发邮件却总也说不清楚；分配给团队成员的工作经常没了下文；部门之间的配合总有些磕磕绊绊；感觉领导安排的工作没说清楚，可有时候自己又不好意思使劲问……这让韩勇明显感觉到工作效率不如从前。

虽然国内的疫情已经有了明显的好转，但是短期内还难以做到完全复工复产。怎么能让虚拟团队的工作效率尽可能得到提高呢？

【情境分析】

突发的新冠肺炎疫情让很多人都不得不接受这样一个事实：在一段相当长的时间里，我们必须接受"虚拟办公""家庭办公"这个现实！其实对于"虚拟"，很多人都不陌生，疫情之前，大量项目都是通过虚拟团队的方式完成的。也就是团队成员分散在各处，平时很少或从不见面，大家使用网络、电话、邮件、可视会议等通信工具，通过彼此间的配合、支持，完成工作任务，实现项目的目标。虚拟团队的好处多多，比如，可以大幅降低差旅费、办公场地费；可以让不方便出差的人、地理位置分散的人也能参与项目工作；有利于资源的优化选择；包括让团队成员自己的工作也增加了灵活性。

不过凡事都有两面性，虚拟团队也不例外。对于很多领导、项目经理来说，这种不见面、分散的工作方式，最大的问题就是管理难度大，过程不好掌握，特别容易造成工作脱节、进度延误，甚至会让项目处于失控状态。尽管虚拟团队有这些问题，但老话说得对：只要思想不滑坡，办法总比问题多！要解决虚拟团队的问题，就必须要找到导致问题的根本原因。

项目管理知识体系告诉我们，虚拟团队面对的最大挑战就是沟通。因为缺乏面对面交流的机会，团队成员在完成工作的过程中，很容易产生孤立感，缺乏团队意识，每个人都"自扫门前雪"，出现了问题不容易得到关注和支持，进而降低了对项目的责任感。另外，因为沟通造成的障碍，大家对目标的理解也容易出现偏差，甚至在彼此的配合中出现南辕北辙的尴尬。

既然问题的核心是沟通，那就集中火力，消灭这个问题的根源吧！高效的沟通一定是双向的，为了消除沟通中的障碍，项目经理和团队成员都要有所作为。

作为团队的负责人，为了让不见面的兄弟们也能高效工作，项目经理应该做好如下三件事。

第一件事是正式组建团队。虚拟团队最大的问题之一就是项目成员的团队意识不强。对很多人来说，看得见的领导比看不见的领导更重要，因为看得见，更容易引起我们的重视。现实中更是有这样的现象：如果某人同时承担了线下团队的工作和虚拟团队的任务，很大程度上他会选择优先完成线下项目的活动，因为他的团队归属感会更强。项目经理如何提升虚拟团队成员的团队意识呢？最简便有效的办法，就是给团队成员正式的任命。通过邮件的方式，正式任命某某为某项目的团队成员，项目期间将承担什么样的工作任务，感谢支持与配合。这样的邮件要抄送给相应领导，通过这种有仪式感的方式给团队成员正式的身份，有助于加强他们对工作的责任感。

第二件事是明确分配工作任务。一个好的工作任务描述必须满足SMART原则，即明确的、可衡量的、可实现的、相关的、有时限性的。符合SMART原则的目标才能被团队成员准确地理解并得到执行，比如"确保所有客户在下班前都收到我们的通知邮件"这样一个要求就没有做到SMART：怎么界定"所有客户"？现在多数都在家办公，几点算"下班前"？邮件要发给客户的谁？谁写的，关于什么的邮件？如果修改成"确保公司CRM系统中被归类为核心客户的采购主管，在今天下午6点前都收到我们昨天下发的关于延期供货情况说明的邮件，并电话确认告知"，就不会出现上述的种种歧义了。作为项目经理，在虚拟团队中，沟通难度加大，沟通障碍增多，为了能让工作得到有序的推进，更要保证工作目标传递的清晰、准确。

第三件事是主动营造团队氛围。虚拟条件，家庭办公，确实给工作带来更多灵活性和便利，但是当每个人从接受任务、完成工作到交付成果，大量的活动都是自己独立完成的时候，也很容易让团队成员产生孤立感，削弱了的团队意识。

项目经理要主动强化团队氛围，比如使用社交软件建立项目工作群组，随时公布项目进展状况，让大家意识到团队的存在。除了工作内容，还可以在群里发一些休闲娱乐的信息，甚至偶然来一场小小的"红包雨"，都能很好地起到强化团队意识的效果。

提高沟通效率不是项目经理凭一己之力就能够做到的。说完了项目经理，再看看团队成员在虚拟团队中应该做好的三件事。

第一件事是主动自我约束。受疫情影响，我们的工作环境从办公室变成了家庭。没有了领导、同事的监督、关注，对大多数人来说，最明显的感受就是心理上的放松。作息时间、穿着打扮、行走坐姿，我的地盘听我的！放松带来愉快体验的同时，也很容易让人变得懈怠，进而影响了工作的效率。因此，每个人都要有意识地管理好自己的时间，最简单的方法就是遵守正常工作状态，按时作息起居，包括工作中尽可能切断外部的干扰源，包括让各种社交软件暂时下线。能做到主动自我约束，就能有效地提高工作效率。

第二件事是工作分级，区分轻重。受资源有限的制约，每个人几乎都会同时承担几个项目的工作，压力之大可想而知。虚拟团队的环境下，工作安排更多由团队成员自己决定，在这样的情况下，不论是简单地跟着感觉走，还是被动地让工作牵着鼻子走，效率显然都不会很高。丰田看板管理理论认为，人的注意力是一种有限的资源，人脑在面对多重任务时并不能全力以赴。与其多管齐下，不如集中精力做好一件事。我们可以将需要完成的工作写在卡片上，并将这些卡片集中贴在一个显眼的地方。这样做的好处是，一眼就可以尽览有哪些工作需要做，哪些是正在做的，哪些应该优先处理，哪些已经完成。活动有了轻重缓急的分类，我们完成工作不再盲目，使用看板管理的方法可以在整体上帮助我们提高效率。

第三件事是有问题及时反馈。虚拟团队虽然可以通过各种通信工具和手段将团成员彼此连接起来，但是地理位置上的分隔，加上沟通信息的延迟，还是很容易让人产生孤独、无助的感觉，特别是在遇到问题、困难的时候。团队成员一定要意识到，自己不是一个人在战斗，当工作中出现了难点，一定要及时反馈，及时寻求帮助。实际上，类似群发邮件、工作群里提问，都是高效的信息沟通手段，有助于在最短的时间里获得所需要的资源或帮助。团队成员彼此间的支持、协作，还有助于增强团队凝聚力，让虚拟团队的优势得到更充分的体现。

　　虚拟团队，是现代通信技术的产物，也是越来越多跨地域、跨行业的复杂项目得以实施的必然选择。只要我们主观上有意识地采取有效的优化手段，项目经理和团队成员做到各司其职，虚拟团队同样能够发挥出令人满意的绩效水平。

📝【情境回顾】

1. 虚拟团队既有人员灵活、成本低、便于跨地域项目实施的优点，也有沟通难度大、团队意识缺失的不足。
2. 为提升虚拟团队的工作效率，项目经理要确保团队成员获得明确的身份，让工作目标清晰、明确，并主动增强团队氛围。
3. 虚拟团队的成员应该做好自我约束管理，对工作任务合理分类，有问题及时反馈，寻求支持。
4. 在虚拟团队中需要充分考虑沟通的方式与频率，采用大家都能接受的沟通手段才能达到充分沟通的目的。

对症下药，搞定项目搅局者

【情景再现】

　　R公司在项目经理的人员安排上有比较完善的流程制度：具备3年项目实践经验，通过PMP®认证考试后，再经过公司项目管理办公室的考评和面试，就可以成为公司项目管理部的专职项目经理。这不但意味着职位的提升，同时在个人的薪酬待遇上也会有相应体现。方志就是上个月才成为项目经理的。不过，他接手的第一个项目就遇到了麻烦：总有"搅局"的人给他到处使"绊子"！

　　方志负责的项目是为某机关大楼开通一整套安防监控系统，包括自己公司开发的平台软件和各种外购传感器的安装调试。项目刚一开始，他就被投诉了！理由是，施工时间不当，影响客户正常办公！因为很多办公室的大门上要装门禁传感器，为了满足工期目标，方志要求施工队伍"歇人不歇岗"，保证全天满负荷完成安装工作。结果，客户的好几个部门都反映施工噪声太大，严重干扰正常工作，还以正式函件的方式，要求调整施工计划。

　　客户这边刚刚被安抚下来，团队里又出现了"搅局"的！新员工小赵，不知怎么突发奇想，没和别人商量，就调整了设备安装工序。结果到后来才发现信号线的标签混乱了，好几条线缆需要重新穿管道，至少又耽误了整整一天时间！问他为什么这么做，小赵居然说是为了节省施工时间！

昨天下午，这家单位的一位高层领导去中控室检查项目进展，他指着大屏幕问："同时能监控几个画面呀？"方志告诉他同时显示6个画面，所有监控场景可以依次在主屏幕上显示。没想到领导随口说了一句"6个有点儿少啊，至少得10个才够用"，结果今天一早，客户接口人就找到方志，要求按高层领导提出的10个画面方式完成！画面显示数量是底层软件决定的，如果要修改很可能还会涉及商务，这让方志很崩溃：以前自己只是个技术工程师，虽然也没少参与项目工作，但是除了自己负责的那一部分技术工作，其他事情基本不操心。如今做了项目经理，却突然发现，好好的一个项目，怎么会有这么多"搅局"的呢？

✎【情境分析】

项目活动需要事前的规划，按规划完成工作，才能确保项目目标的实现。但是在实施过程中，提前做出的规划往往因各种原因导致调整，给项目工作带来困扰。除去那些无法改变的客观制约，确实有不少人为因素也会使得计划好的工作发生改变。这些人在项目经理和团队眼中，就属于不受欢迎的"搅局者"。

那些有益或无意地干扰项目的正常工作，违背项目计划安排，给正常的项目工作造成干扰的个人、群体，都属于"搅局者"。透过现象看本质，我们首先分析分析，他们为什么要"搅局"呢？

第一种常见的"搅局者"，他们因为个人的利益受到了项目过程或结果的负面影响，有时候甚至只是自以为自己的利益受到了损害。出于对个人利益的维护，这种人就会主动干扰、破坏项目工作，在项目经理和团队看来，他们属于"主动搅局者"。上面情境中，因为受到施工噪声干扰，影响了正常办公的那些人就属于这种情况。

第二种"搅局者"，他们主观上并没有任何恶意，他们的行为甚至是为了促进项目工作的推进。但是由于是在没有经过规范流程的分析与评估的情况下，他们就擅自修改了既定的项目计划，因为考虑不周，让正常的项目工作受到干扰。项目情境中的小赵，就是这种"好心办坏事"的"搅局者"。

第三种"搅局者"在现实项目环境中也并不罕见，他们往往不考虑项目工作的科学性与客观性，而是完全被自己脑子里的随机念头牵引，并依靠自己特有的权力或影响力，简单粗暴地将自己的主观需要强加给团队。这种居高临下的"搅局"，往往对正常的项目工作造成严重的干扰。在项目经理和团队眼中，蛮不讲理地瞎指挥是导致项目失控甚至失败的重要原因之一。

第四种"搅局者"不算太常见，因为他们的表现与前面几种完全不同！在旁人眼中，这种干系人不但处处为项目工作提供便利，而且还会身先士卒地主动参与项目活动，是项目强有力的支持者、帮助者。但是，他们对于项目的热情并不是无缘无故的，因为个人利益受到项目过程或结果正面的促进作用，才在项目中表现出这种积极主动。为了让自己的利益实现最大化，他们甚至会干预项目的正常计划，"主动牵着项目走"！这种源于个人利益而过分参与项目工作的人，一定程度上已经干扰了项目的正常推进，因此对项目而言也是另一种表现的"搅局者"。

搞清楚了"搅局者"的不同类型与特点，接下来的问题就是：如何"搞定"这些"搅局者"呢？当然是对症下药！首先，没有人愿意让自己的利益受到损害，由此产生的消极抵触，甚至阻挠和破坏行为，理论上看也是人之常情。因此，项目经理和团队应该主动识别出那些利益受到项目过程或结果负面影响的干系人，也就是上面提到的第一种"搅局者"，并根据他们利益受到的具体影响情况，及时给予必要的修复和补偿。这种补偿行为越早、越主动，干系人后期出现"搅局"的可能性就会越低。反过来，如果等到这些干系人明确提出补偿要求的时候，不但项目经理和团队会更加被动，预计投入的资源和成本也往往会显著增加。

以上面情境为例，方志在安排施工工作的时候，只考虑了应该如何满足项目工期的要求，而完全忽略了具体施工过程中不可避免的噪声给正常工作的客户造成的不利影响，这才招致了后来的投诉。如果事前能主动告知客户自己的施工安排，征询反馈意见，并合理调整具体的施工时间，后来被客户投诉、工作被"搅局"的情况也许就不会发生了。

而对那些"好心办坏事"的"搅局者"，项目经理要采用不同的应对办法。这些人在项目工作中表现出的积极性与主动性是值得肯定和保护的。特别是类似情境中的新员工小赵，他们主观的出发点确实是好的，但是关键要让他们认识到项目管理的科学性与严谨性，在具体工作中，仅有好的设想和愿望是远远不够的。也许只是某种新工具或方法的引入，也许只是某个环节的小小调整，从表面看可能真的有利无害，但是如果没有经过全面而严谨的分析与评估，很可能就会将某种不可知的风险带入正常的项目工作中，给当前甚至后续的活动留下或大或小的隐患。

要想避免出现"好心办坏事"的"搅局者"，根本措施就是要在团队中做到人人理解规范，人人遵守规范，不拍脑袋，不盲动，让团队成员养成遵规守纪的好习惯。当然，这里说的"遵规守纪"并不等于墨守成规。任何新的，特别是那些来自年轻人的有创意的想法、主张，都不应该受到压制，而是要遵循大胆假设、小心求证的原则，运用科学、严谨的态度与方法，以确保项目工作安全受控。

如何对待那些罔顾客观规律，为了一己私利而靠权力压迫、干扰项目正常工作的"搅局者"，对项目经理而言确实是一个重大挑战。这些人往往拥有一定的职权，再加上竞争激烈的背景环境，项目经理有时确实难以靠"摆事实、讲道理"就能让问题得到解决。坚持原则的基础上，可能还需要借助一些外力的协助，比如客户经理或自己的高层领导，来让问题得到更圆满的解决。寻求帮助并不等于项目经理"甩包袱"，他（她）还需要从项目管理的角度，从项目工作的实际情况出发，对那些不合理要求做出有理有据的分析和评估，为协助解决问题的客户经理、高层领导提供专业和可靠的依据。

在这个项目情境中，仅仅因为客户领导的一句话就要修改具体项目成果的功能，对严肃的项目工作而言显然过于简单随意。在项目经理自己难以应对的情况下，可以将市场、商务及技术人员召集在一起，协商解决。

对那些在项目工作中"反客为主"的"搅局者"，项目经理和团队更要保持高度的警惕。在欣喜于对方积极主动地协助配合的同时，千万不要忘记对他们参与项目工作的合理引导与控制。项目经理以项目计划为依据，做到全过程监控，时刻牢记自己对项目工作及项目目标应有的管理责任，那些越俎代庖的"搅局者"就能得到有效控制。

项目工作中离不开各种利益干系人的参与，项目经理也往往躲不开形形色色的"搅局者"，只有做到对症下药，才能打破僵局，化解风险，帮助项目工作获得安全可靠的执行。

📝 【情境回顾】

1. 应该主动识别出那些利益受损的干系人，及时给予必要的修复和补偿。这种补偿行为越早、越主动，干系人后期出现"搅局"的可能性就会越低。

2. 任何新的、有创意的想法、主张，都离不开科学严谨的论证评估，以避免出现"好心办坏事"的"搅局者"。

3. 在项目经理自己难以应对的情况下，可以将市场、商务及技术人员召集在一起，协商以应对那种蛮不讲理的"搅局者"。

4. 以项目计划为依据，时刻牢记自己对项目工作及项目目标应有的管理责任，让那些越俎代庖的"搅局者"得到有效控制。

研发难题，需求太多难招架

卢东是C公司的一名研发项目经理。C公司从生产传统存储设备起家，几年做下来，不但在自己擅长的领域站稳了脚跟，一年前还获得了一笔额度不小的风投。按高层领导的设想，公司有望在5年内上市，并且要做到行业领先的位置。

在这样一个大背景下，卢东感觉自己的日子真是越来越难过了！他的职务虽然是项目经理，但是同时也要负责研发部里一个专业科室的日常管理工作。于是，不管内部还是外部，各种产品需求、技术需求像漫过堤坝的河水一样向他冲过来，简直没法控制！卢东自己每天的主要精力都用在了与市场部各位客户经理的周旋上，每次问他们哪些需求更重要啊，得到的答复往往都是：都重要！因为所有项目都是为公司上市做准备，没有哪个客户、哪个市场是可以放弃的！结果只能是咬着牙往已经很饱满的工作计划里"挤"。眼看着自己手下数量有限的这么几员大将一天连着一天地加班，牢骚抱怨也越来越多。

作为具体技术项目的项目经理，同时也是部门的负责人，卢东也想了一些解决团队士气低迷、部门间矛盾突出等问题的办法，比如组织团队成员一起聚餐、建立公共的项目微信群，使不同部门的同事们能在工作之外建立友情，以期大家在工作的时候冲突和矛盾能够迎刃而解。想得是挺好，可结果这样的情景并没有发生！虽然平时大家在一起聚餐、娱乐的时候也算关系融洽，但在面临具体工作时，市场与技术的沟通永远处在对立的两面，结果就是工作计划不能按时完成。等到追查责任了，各个部门之间就会不可避免地开始互相推诿。

卢东也想过其他办法，比如对项目团队进行工作模块划分，就是在一个项目团队里，按不同职能实行小组制，尽量减少各个工作模块的工作交集，以便让责任更加清晰。但由此带来的新问题是，项目内部小组之间的沟通又出现了麻烦！

这让卢东很是苦恼：在资源和时间有限的情况下，面对源源不断的市场需求，应该怎么办呢？

【情境分析】

从上面情境的描述中，可以想象出这家C公司研发部的一派繁忙景象！但是结合他们在项目中的种种表现可以感觉到，很多人，包括情境中的项目经理卢东，他们的主要关注点还是集中在每个人自己的"任务清单"上！换句话说，还在被那些看似"不可能完成的任务"压迫、折磨，在为如何满足那些或者合理或者不合理（至少自己认为不合理）的需求而苦恼！

项目管理，特别是针对那些过程中变化多、需求不确定的项目，更要加强调整整体性和目标导向性。例如，大家在工作中遇到的那种相对复杂，需要有多个部门相互配合才能完成的项目，如果仅仅依靠某一个部门或小群体的力量，往往很难获得理想的结果。

现实中，也包括上面情境中的这家C公司，很多单位通常把研发部门看作决定一个项目最终成败的核心责任人。但实际上，站在项目的角度，研发只是一个项目完整生命周期中的一个环节，一个阶段。如果没有包括市场、物流、交付、行政、财务，有可能还会涉及外部供应商等一系列干系人的参与、配合，项目目标几乎是不可能实现的。

为了有效解决需要多部门配合完成的复杂工作，项目团队应该采用平衡矩阵的组织结构，也就是跨部门组建团队，通过团队成员之间的互动、协作来完成工作，以实现大家共同的目标。而这个项目情境中反映出的情况是，项目的各个参与方主要还是以职能型的团队工作方式来做项目：你是市场部门的，我是研发部门的，他是财务部门的，自己只管完成自己的任务，或者把自己的需求要么当作"命令"，要么当作"包袱"，不是硬"压"给别人，就是想办法"甩"给别人！每个人在给别人提出自己需求的同时，却忘了问问自己，为了让那些具体的需求得到落实，除了自己明确的要求，还能给对方提供什么支持和帮助吗？

如果缺乏了项目的整体意识，不能将"我的要求""你的工作""他的任务"整合成"我们的项目""我们共同的目标"，就会出现各个部门间各自为政、相互推诿，甚至互相指责、抱怨的情况。在现实环境中，真的有不少人还在简单地把项目工作与研发工作画等号，把研发部门当作决定项目最终结果的唯一，至少是最关键的一个环节。在这种情况下，研发部门自然就成了"众矢之的"，既要承担大量的技术性工作，还要背负各种责任，甚至看不同部门的脸色，这会给工作的顺利完成带来更加不利的影响。

首先，作为复杂工作任务的项目经理，要想在项目资源和时间有限的情况下，尽可能满足项目的目标要求，应该从建立项目意识、团队意识开始。在平衡矩阵型组织结构中，团队成员不要被各个职能部门限制住自己的身份。虽然大家来自不同的科室，但现在需要面对的都是一个相同的问题：实现既定的项目目标！有了共同的目标，才能打破各自职能部门的壁垒，才能在项目工作中做到互相支持、互相依靠，把项目团队——这个临时性的组织中的每一位成员当作自己的家人。

为了使项目工作参与者对项目产生归属感、责任感，项目经理应该给每一位参与具体项目工作的成员一个明确的身份：某某项目团队成员。比如，通过书面任命的方式，营造出必要的仪式感，将有助于提升项目团队的凝聚力，进而改善项目工作的绩效。

其次，让那些在无数项目活动中得到验证的具体工具和方法落地应用，也有助于提高和改善团队成员在解决具体工作中问题的能力。对于很多团队来说，大家在完成项目工作的过程中，用于指导具体行动的，更多是自己在实践中摸索的经验。那些经验有的的确是有价值的，但也许有一些经验在当前项目中，并不一定是最好的方法。项目管理知识体系经过几十年的发展和演进，已经形成了一套相对完善，同时还在不断与时俱进的管理思想与方法。其中包括很多实用而简单的工具、方法、思路，比如项目章程（帮助项目经理和团队理解目标，为项目工作争取必要的权力）、干系人登记册（尽早识别对项目可能有重大影响的干系人）、团队成员的任命（先给身份，再给任务，以提高接受工作的可行性）、工作分解结构（明确具体项目工作的内容及工作范围边界）、关键路径法（找到决定并影响项目工期的关键活动，为资源分配和进度控制指明重点和方向）、风险登记册（通过提前识别、提前评估与合理规划风险策略，以避免因为风险事件发生导致的措手不及和被动地见招拆招）、头脑风暴（在收集需求、识别风险等活动中，做到不点评、不质疑，以获得参与者更多的创意信息）、德尔菲技术（针对面对面表达个人观点时有顾虑、不敢说的情况，通过私下、匿名的方式，在不受他人影响的情况下真实表达自己的观点）、会议规范（任何项目会议都要做到提前规划、过程控制、有结论有纪要，以提高会议效率与作用）、团队建设的方式（不需要花钱、占时间，也可以提升团队凝聚力，改善团队工作效率）以及如何做好项目的复盘等。

项目经理除了自己要对项目管理知识体系有全面、深入的理解和掌握，还应该主动将这些工具和方法运用于具体的项目工作中，并在实践中不断总结和完善，这将有助于自己的项目工作变得更加规范，提高项目成功的概率。

最后，项目经理还应该牢牢记住这样一个根本原则：自己不是一个人在战斗！在遇到具体问题与挑战的时候，比如上面情境中提到，来自市场部门的需求源源不断，并且往往都号称是为了实现组织的战略目标（情境中的具体战略目标就是确保公司上市），因此无法拒绝。实际上，任何组织的资源都是有限的，为了让有限的资源创造出最大的价值，任何一个项目的确立，都必须经过严谨而周密的论证与评估，通过评估结果，通过具体数据才能决定项目的可行性和有限级别。因此，作为项目经理，必须借助外部资源，特别是高层领导的力量，用事实和数据作为依据，以寻求从观点到资源的具体支持。如果对所有需求都是照单全收的态度，显然无法让所有需求都得到满足，而最终受到伤害的则是最终战略目标的实现。

俗话说，人心齐，泰山移。用共同的目标来聚拢人心，运用科学的方法和工具，辅以灵活多样的激励以补充动力，即便是复杂艰巨的项目，也一定能迎来胜利的曙光。

【情境回顾】

1. 针对那些过程中变化多、需求不确定的项目，更要加强调项目的整体性和目标导向性。

2. 建立平衡矩阵型组织结构，赋予团队成员明确的身份，有助于提高他们的归属感、责任感。

3. 合理运用项目管理知识体系中的各种工具、方法，能有效提升项目成功的概率。

4. 项目经理要善于运用外部资源，用事实和数据作为依据，以寻求从观点到资源的具体支持。

项目管理，核心团队不能少

　　杜飞是一家IT工程施工企业F公司的项目经理。前不久，F公司通过竞标，拿到了一单市政项目，具体内容是：在该市A街道路两边的路灯灯杆上安装专业探测器，以便实现对路灯灯源，灯杆倾斜程度及路面井盖的状况进行实时监控。按照技术方案设计，探测器的安装位置和固定方法必须满足相关抗风、抗震标准，并根据具体路灯灯杆型号的不同略有差异，总体高度在8米左右。探测器设备直接从灯杆（基座）的底部照明市电取电。

　　考虑到施工站点数量比较多，同时各个站点之间没有更多工序及技术上的交叉，在人力资源及相关设备资源可得的情况下，杜飞特意把项目团队拆分为4个实施小组，以确保最大限度地压缩工期。为了尽可能降低现场施工的技术难度，杜飞要求所有待安装设备都必须在公司实验环境中提前完成全部基础数据的调试工作，也正好借这个机会，对所有参与项目实施的团队成员进行技术培训。

　　毕竟是室外的高空操作，杜飞在制订项目计划的时候，还特别考虑到了安全风险问题。除了确保每个小组内都有具备高空作业资质的人员，杜飞还反复检查了相关安全装置。另外，由于要从路灯的基座直接引电，他还特意与相关市政部门接洽，对施工期间的路灯通电时间做了确认，并严格要求项目施工人员在路灯来电来前20分钟禁止进行基座取电的连接工作。

一切安排就绪，项目开始实施。为了确保万无一失，杜飞也跟随两个施工小组在一条街道上进行安装调试。万万没想到的是，当他正监督着一个施工组正常工作的时候，另外一个小组的项目施工人员为了赶进度，在没有评估时间的情况下进行了设备的接电工作，结果发生了触电事件，导致操作者暂时昏厥。万幸的是，在被送往医院前，该名团队成员恢复了意识，后经检查确认身体没有大碍。

因为发生了安全事故，杜飞不但受到领导的严厉批评，还被扣发3个月的浮动奖金。杜飞觉得又委屈又无奈：自己已经全身心扑在项目上了，可还是百密一疏！自己的运气怎么就这么差啊！

【情境分析】

看了上面的项目情境，真让人不由得捏了把汗！毕竟没有比发生人身伤害事故更严重的风险了。从描述的细节来看，这位项目经理杜飞在项目里前前后后的表现，也算得上尽心尽力。比如，在资源允许的情况下合理安排施工计划，实现工期的优化；尽可能降低施工现场技术难度，并安排人员培训；充分考虑室外高空施工和设备接电的风险，对操作人员和具体实施时间提出明确的要求；等等。站在项目的管理者的角度看，杜飞确实也算尽职尽责，然而，他忽略了一件重要的事儿：所有的管理、监督职责，都由他一个人承担了！

项目工作，特别是那些涉及多个部门、多个干系人的复杂项目，用千头万绪来形容也不算过分！要想规划和监控好这些纷繁复杂的具体活动，仅靠项目经理自己，显然是力不从心的。那么，谁应该分担这些管理责任呢？就是核心团队成员！通常项目团队的结构分为三个层次：项目经理、核心团队和执行团队。项目经理是整个项目的负责人，大量具体的技术性、事务性工作由执行团队实施完成。这里的核心团队指的是什么呢？

所谓核心团队，通常是由相关领域的技术专家、资源部门负责人，甚至可以包括一些与项目有特定利益的干系人组成。这个群体的突出特点是：技术水平比较高，拥有一定的资源和权力，可以对项目工作产生适当的影响。在项目早期，项目经理组建团队的时候，他们往往也是最早被纳入团队的那一批人。随着项目工作的开展，更多的执行团队成员被招募进来，他们的职责是完成各项具体的工作任务。总体来看，项目团队通常是一个动态的组织，在一定时间范围内，可能随时有新人加入，也随时有人离开，人员的流动完全是由项目工作的实施情况决定的。但是流动的往往只是执行团队，核心团队通常都能在整个项目生命周期内保持总体的稳定。

既然被称为核心团队，就要体现出核心的价值：为项目经理分担工作，为项目活动保驾护航。根据项目管理知识体系的观点，在整个项目生命周期里，从计划的编制到实施过程中的监督，都离不开"项目经理和团队"的共同努力。在规模比较大的复杂项目中，核心团队就要起到项目经理助理的作用。

他们除了要完成相应的具体项目工作，还应该与项目经理相互配合，承担起管理项目的责任，包括参与项目计划的编制、与项目经理一起对项目实施过程中可能出现的各种变更进行分析与评估、做好项目经理与实施团队之间的沟通桥梁、确保工作要求与反馈信息的上传下达、帮助项目经理实时监督项目工作绩效、协助项目经理做好团队管理，及时解决冲突矛盾，以及适当的团队建设活动。

项目经理要把核心团队当作资源充分利用起来。以上面情境为例，杜飞为了最大限度地压缩工期，在资源和工作允许的情况下，把团队成员分为4个小组，同步推进项目。具体工作分配好了，他却在监管环节上出现了纰漏：由他自己亲自监督的小组工作正常，但是另一组在实施的过程中，为了抢时间而违反了事先约定好的工作规范，结果导致严重的人身伤害事故的发生。这个不好的结果完全可以通过明确的专人现场督导予以避免，也就是明确指定现场施工小组监督人，赋予他技术工作以外的监管责任，在项目经理本人不在现场的情况下，也能起到同样的管理控制作用。

核心团队是项目经理的左膀右臂，他们不仅是项目经理的眼睛和耳朵，更要做到与项目的思路同步、合拍。尤其是在规模比较大的项目中，项目经理个人的精力是有限的，很难保证与每一位承担具体工作任务的执行团队成员都有深入、密切的沟通与联系。对一线状况的准确、及时掌握，离不开身边核心团队成员的桥梁作用。为了让项目计划、要求得到准确的理解与严格规范地落地执行，项目经理首先要确保得到核心团队的认可与支持。在充分信任与了解的基础上，合理、适度地授权是增强核心团队成员积极性与主动性最有效的手段。正式的书面任命授权，定期、严肃的项目例会，持续不断的团队建设活动，都是促进项目核心团队认真参与项目管理活动、提升凝聚力的好方法。

另外，在得到核心团队协助与配合的同时，项目经理也应该主动为他们提供必要和及时的帮助。特别是当团队内部或外部发生冲突、矛盾的时候，需要与高层领导或客户直接沟通的时候，项目经理都应该通过自己特有的身份与权力，主动承担一个项目管理者的责任，为核心团队排忧解难。

项目管理是一个持续的、涉及方方面面的复杂活动，它不是项目经理一个人的事情，而是需要有一个相对稳定的群体来共同完成。当项目规模比较小的时候，每一位团队成员都应该承担相应的项目管理责任。当项目复杂、周期长、涉及的团队成员众多的时候，则需要有一个明确的核心团队，作为项目经理最直接、最有力的支持者，与项目经理相互支持、相互配合，共同完成周密、全面的项目规划、监督与控制工作，以确保项目按照正确的方向和轨道执行下去。

【情境回顾】

1. 具体的项目工作千头万绪，要想规划和监控好这些纷繁复杂的具体活动，不能仅仅依靠项目经理一个人。

2. 核心团队通常技术水平比较高，拥有一定的资源和权力，可以对项目工作产生适当的影响，在整个项目生命周期内保持总体的稳定。

3. 核心团队是项目经理的左膀右臂，在充分信任与了解的基础上，合理、适度地授权是增强核心团队成员积极性与主动性最有效的手段。

4. 在得到核心团队协助与配合的同时，项目经理也应该主动为他们提供必要和及时的帮助，为核心团队排忧解难。

盲目授权，能力不足留隐患

【情境再现】

A公司是一家专业技术及法规咨询公司，为行业内各生产企业提供相关领域的技术咨询服务。杜鹏是A公司的项目经理，做过不少大大小小的项目，工作经验丰富。小徐是刚刚毕业的大学生，去年7月份入职A公司，被安排在杜鹏手下。杜鹏性格外向，小徐也爱说爱笑，俩人挺投脾气，再加上小徐踏实肯干，对工作认真负责，虽然不是专业出身，但在杜鹏的指导帮助下，进步神速，很快就掌握了相关业务流程，成了杜鹏的得力助手。

年初，杜鹏接到一个项目，为某企业转制提供咨询服务。因为需求不算太复杂，项目规模也不大，杜鹏决定由他和小徐一起完成。前期的一些常规性任务，包括基础调研、数据收集等工作，基本上都是小徐完成的，通过对各项成果的检查，杜鹏非常满意。就在这个项目稳步推进的时候，领导又交给杜鹏一个新项目，不但规模更大，而且还需要经常出差。

考虑到这个新项目的重要性，杜鹏把先前那个项目的大部分日常工作都交给了小徐，自己只是对阶段成果或需要重点审核的内容把把关。随着新项目的开展，杜鹏大部分的时间和精力都投入现场调研和咨询工作中。虽然有几次小徐委婉地表示感觉压力太大，不过他的表现倒是让杜鹏挺放心，所以他也只是多鼓励和安慰了一下，还夸小徐进步明显。

由于新项目在外地，一段时间里，杜鹏不是出差就是在出差的路上，经常和小徐见不了面。为了不耽误工作，他告诉小徐，如果遇到一些紧急但不重要的工作，他可以代自己批复。一段时间后，那个项目执行正常，没有出现什么问题，于是杜鹏更放心了，虽然没有什么正式的文件记录，但实际上之前那个项目的负责人已经转移给了小徐。

但好景不长，就在杜鹏全心投入新项目的时候，小徐因为工作疏忽，某一代为签批的文件出现了纰漏，结果导致了严重的客户投诉，还损失了客户资源。杜鹏和小徐被通报批评，由于杜鹏是该项目的负责人，公司领导以管理失职为由，还对他做了工资级别下调一级的处罚。杜鹏感觉有些不公平，认为自己在新项目上十分辛苦，为公司付出了很多，不应该这样处理自己。小徐也很尴尬，一方面觉得自己对不起杜鹏，另一方面也觉得挺委屈，毕竟自己经验不足，压力太大了。

【情境分析】

现实中很多员工遇到的常见困扰是，在完成项目活动的时候缺乏自主性，权力不足，不论大事小情都得早请示晚汇报，工作起来束手束脚。有些领导，包括一些项目经理在具体工作中确实不太愿意，或者说不太敢授权，是因为权力一旦分散出去了，自己就会产生"失控"的感觉，由此带来的焦虑、不安让人倍感煎熬！

不过，权力真的是一把双刃剑，在项目环境中，权力不足的确会影响具体执行者，包括团队成员和项目经理工作的积极性、主动性。可权力过大，也可能带来严重的后果，比如这个情境中反映出的问题。从情境描述中可以看出，作为一名经验比较丰富的项目经理，杜鹏在工作授权特别是对待新员工的问题上他的一些做法和表现还是非常值得肯定的！

首先，项目经理杜鹏对新员工小徐在工作上给予了积极的指导、帮助。很多初入职场的新人，他们面对的最大压力往往就是不能迅速承担起岗位责任、被企业和同事接纳。在从新员工到老员工的过渡过程中，他们渴望能得到前辈、领导的指引、帮助，以尽可能缩短这个过渡周期。情境中的小徐无疑是幸运的，除了有情境中提到的二人性格相仿，即所谓的"投脾气"，更离不开领导和员工之间一个愿意教、一个愿意学的相互支持与配合："小徐踏实肯干，对工作认真负责，虽然不是专业出身，但在杜鹏的指导帮助下，进步神速，很快就掌握了相关业务流程，成了杜鹏的得力助手。"

另外，在对员工授权这件事上，杜鹏的表现也有亮点。经过自己的"传帮带"，小徐的业务能力有了提升，杜鹏敢于把项目工作的责任连同执行的权力分派给他，放手让小徐亲自完成，并且自己不忘对阶段及重点成果核实、把关，这对于新人的成长是非常有益的。

但是在接下来，新的、更大、更重要的项目出现之后，杜鹏的问题暴露出来了：他对小徐虽然继续信任、继续授权，如情境中描述的"如果遇到一些紧急但不重要的工作，他可以代自己批复"，然而，这种信任和授权实际上已经有些"变味儿"了，变成了项目经理的推卸责任，变成了"甩包袱"！为了能把自己更多的精力投入新项目中，即使小徐已经表达了自己"压力大"，杜鹏还是依然把应该自己承担的责任一股脑儿丢给了别人。

实际上，杜鹏的失误并不是出在授权上，而是简单地把授权当成了减少自己责任、争取更多精力的手段。授权本身没有问题，越是复杂的工作越需要领导充分、全面地授权，以便让每位参与者都能做出更加积极主动的努力。但是有效的授权离不开两个必要条件：授权者对被授权者充分地信任与了解，被授权者具备充分的能力。

授权不等于简单地分解任务，更不是推卸责任，要有充分的信任。所谓用人不疑，项目经理要相信团队成员有能力、有意愿完成相应的工作。工作责任分派的同时，应该有意识地将对应的权力也授予他们，为团队成员执行具体任务创造尽可能理想的环境，而不要事必躬亲，到处把关，既增加自己的工作负担，又不利于团队积极性的调动。

如果说信任是工作授权的基础，那么对团队成员充分的了解就是有效授权的根本保证。只有将能力和权力相匹配，才能让责任得到有效的落实。成语"毛遂自荐"相信很多人对它都不陌生。这是个战国时期的故事。赵国人毛遂在首都邯郸被秦国围困的危急关头，主动要求去楚国求救。最终他凭借自己的机智勇敢，说服了楚王，在楚国军队的帮助下打败了秦国。多数人对毛遂的认知可能都停留在他面对强悍的楚王不卑不亢的高光时刻，而关于毛遂的结局却真的是一个悲剧。由于促使赵楚结盟的出色表现，让赵王认识了毛遂，也让赵王更加信任毛遂。邯郸之围刚刚结束，赵国元气大伤之际，燕国又派遣大将攻打赵国。派谁挂帅迎敌呢？赵王立即想到了刚刚立下奇功的毛遂。得知此事，毛遂赶紧跑到赵王那里，请求赵王不要任命自己做统帅。毛遂说："不是我怕死，是我德薄能低，不堪此任，我可以做马前卒，但绝对做不了指挥千军万马的统帅。"然而，不管毛遂如何推辞，赵王执意任命他为统帅。结果，毛遂虽然身先士卒、殚精竭虑，但他统领的军队还是被燕军打得落花流水。战事惨败，毛遂觉得没有脸面再见赵人，于是避开众人，到山林里拔剑自刎了。

可见，在授权的问题上，光有信任是不够的。作为项目经理还要对下属有充分的了解，既要了解他们的优势，也要了解他们的不足，做到扬长避短，才能让权力得到最好的发挥。在这个项目情境中，杜鹏对小徐确实是充分地信任，但是他忽略了一个关键问题：小徐毕竟只是个经验、水平有限的新员工，在遇到那些特定问题的时候，未必能做到冷静应对、完美解决。由于杜鹏授权的出发点存在问题，在不考虑对方承受能力的情况下，他只是简单地把自己的责任推给别人，"包袱"被甩出去就以为万事大吉，最终由错误的观念引发的错误行为，导致了严厉的处罚。

授权不等于"甩包袱"，即使项目经理对团队成员给予了明确的授权，在具体活动中，还要时刻准备好，为他们做好支持和帮助工作，包括创造良好的环境、屏蔽各方面的干扰、提供必要的资源等，这样才能让权力与责任更完美地结合，让团队的工作绩效与主动性都得到提升。

✍ 【情境回顾】

1. 职场新人在工作中需要得到指导与帮助，这将有利于他们快速地成长和被企业、同事接纳。

2. 越是复杂的工作越需要领导充分、全面的授权，以便让每位参与者都能做出更加积极主动的努力。

3. 授权不等于简单地分解任务，更不是推卸责任，首先要有授权者对被授权者充分的信任。

4. 在信任的基础上，还需要充分的了解，既要了解他们的优势，也要了解他们的不足，做到扬长避短，才能让权力得到最好的发挥。

巧用权力，管理团队少受气

K公司是一家汽车零部件生产企业，属于典型的传统制造行业。1年前，K公司与另一家著名的新能源汽车公司签订了合作协议，为该公司某系列型号的电动汽车提供定制部件。

能成为这家新能源汽车公司的供应商，对K公司来说意义重大，公司高层领导非常重视，专门成立了一家分公司，以满足定制部件的特殊需求。分公司部门齐全，包括项目部、生产部、销售部、设计部，除了原K公司相应部门调拨过来的人员，还对外招聘了一批满足要求的专业技术骨干。

赵晨是公司生产部的老员工，技术经验丰富，业务能力强。根据工作需要，他被安排在新成立的子公司做项目经理，目前承担一个新零件的开发任务。在整个项目实施的过程中，赵晨真的是一点儿也不敢大意，从图纸设计到模具开发，再到测试样品的投产，每个环节他都从头盯到尾。但是让他倍感头痛的是，一方面领导和客户给的压力巨大，按期交付的要求没有丝毫可以商量的余地；另一方面，团队内部也不让他省心：虽然一再向各个资源部门的领导说明自己的工作要求，可在实施的过程中，不但多次出现延期的状态，还没有一个部门会因承担责任受到处罚。结果，板子总是要打在他这个项目经理的头上！团队成员的工作积极性也不太高，给他们安排什么工作，听到最多的答复就是："你找我领导吧！"就算接受任务，也经常以别的项目着急为由，耽误他交代的任务。赵晨感觉自己承受着内部、外部的双重压力，真有些招架不住了。

【情境分析】

有句俏皮话：风箱里的老鼠——两头受气！对很多年轻的项目经理来说，"风箱"究竟是什么，可能脑子里没有太清晰的概念，但是对"两头受气"的体验一定是不陌生的！他们在管理项目工作的过程中，既要看领导、客户的脸色，对团队还得一边催着、一边哄着，好让工作能够按计划推进。不论哪里出了问题，自己都逃不掉"背锅""挨板子"的下场！其实所谓"受气"，指的就是承受压力。项目经理想完全"不受气"显然是不可能的，接下来我们要讨论和分析的问题是如何避免"两头受气"。

导致项目经理要同时承受来自内部和外部两方面压力的最主要的原因往往来自组织或团队，也就是所谓的内部。对于大多数项目来说，要实现最终的目标，往往需要多个部门配合、协作，因此，跨部门的沟通、协调是项目经理面临的最大挑战。特别是在传统的职能型组织中，各个部门职责分明，员工只对自己的直接领导负责，项目经理如果想安排什么工作任务，得到的最多回复一般都是"找我领导去"。在这样的组织结构下，项目经理想不"两头受气"都难！所以，要想让复杂的、多部门协调配合才能完成的项目顺利实施，必须从根源上采取措施——建立矩阵型组织结构。

所谓的矩阵型项目组织，最突出的特点就是由不同职能部门的人组成，通过跨职能协作完成项目工作。在这样的团队中，项目经理作为管理者，在对实现目标承担责任的同时，也应该拥有给不同职能的团队成员安排工作、下达任务要求的权力。不需要再向相应的职能部门领导征求意见，获得批准，可以让项目工作的效率大大提升。

在矩阵组织中，为了能做到跨部门安排工作，项目经理必须得到明确、正式的授权，特别是组建团队、考核团队成员绩效的权力。很多项目经理都遇到过这样的烦恼：项目工作延误了，甚至影响到了整体计划的实施，但是工作延误的责任往往没有一个部门会承担，或者受到处罚！没处打的板子终归是要落下来的，最终项目经理就成了那个"受气"的对象。

当受了气的项目经理抱怨不公平的时候，可能忽略了一个问题：具体项目工作是不能搞"集体负责制"的，真正应该对具体工作任务承担失误责任的不是部门，而是责任人；换句话说，必须让工作责任落实到人！经常见到这种情况，项目经理找到各个资源部门的领导，要求（更多的是"请求"）完成某某项目工作。其实，那些具体的某某工作最终一定是由相关部门的某些具体成员完成的，而不是他们所在部门的领导！因此，项目经理在找到这些领导的时候自己就要清楚地意识到：自己的根本目的首先是要人，有了人才能完成工作。

所以，项目经理如果不想未来替人受过，在项目一开始就要将组建团队的权力抓在手里。得到这样的授权，也就意味着项目经理可以根据项目工作的具体要求，包括自己的愿望去向相应的资源部门索取资源。当然，在实际项目工作中，即使拥有了组建团队的权力，也并不意味着可以做到要什么有什么，喜欢谁就是谁。但是项目经理至少有了可以同资源部门领导协商，甚至通过谈判来获得自己想要的特定资源的权力。

为了能更顺利地得到项目工作所需要的资源支持，项目经理必须做好充分的事前准备，包括资源的数量、等级、需要占用的具体时间等。结合具体项目工作内容，提出合理的资源需求，这样才更有可能得到资源部门的理解和支持。反之，如果拿不出充足的理由、依据，在项目众多、资源紧缺的背景下，被拒绝的概率就会很高。获得了资源，组建了团队，那些来自不同职能部门的成员就有了一个新的身份：某某项目的团队成员。从这一刻起，这些团队成员就成为具体项目工作的第一责任人。

有人为具体活动承担责任了，不代表项目经理就可以免责，其实项目经理需要承担的是对团队的管理职责。所以，如何让团队成员能按要求、计划保质保量地完成工作，特别是做好跨部门的协调与配合，是项目经理必须认真对待的问题。最有效的手段之一就是考核。

在管理项目团队的各种活动中，考核是最有效也是最复杂的一项工作。说它直接有效，是因为人的天性就是趋利避害。当与个人利益挂上钩，考核就成为最直接的"指挥棒"。说它复杂，也是人性决定的：考核的核心是公平，但是由于具体工作任务不同、衡量标准不同，团队成员个人的能力表现也不同，所以考核很难做到绝对的公平。认清了考核的作用和特点，项目经理一定要将对团队成员考核的权力抓在手中。

考虑到多数情况下，团队成员往往要同时在多个项目里承担不同的职责，项目经理在争取考核权力的时候就要注意，为了得到领导的认可，最好能结合实际情况，在获取团队成员考核权的时候主动做出适当的"让步"。给谁让步呢？给其他项目经理，给高层领导。原则上，员工完成的每一项工作都应该得到合理的评价，所以他参与的每个项目都应该有对应的考核。另外，作为部门负责人，甚至更高层的领导，通常也会针对员工的工作表现，在他们的日常考核中有一定的量化评价，所以项目经理对自己团队成员的考核最好是一个合适的比例，比如占员工日常绩效考核的30%、50%，甚至70%。根据项目工作量或重要性的不同，获得相应的考核比例，给团队成员完成的其他工作表现留出合理的考核空间，这样做更可能得到领导的支持和授权。

在项目工作中，为了让团队成员能更加乐于服从项目经理的安排，除了以扣分为主的绩效考核，项目经理最好也能将有限的奖励权力争取到自己的手中。也许有些单位在财务管理方面会有些特殊的要求，比如员工个人的薪酬保密，直接涉及个人收入的奖励部分根据规定不能透露给项目经理。不过即便如此，项目经理也可以采取合理的变通手段，如争取获得奖励系数的决定、分配权来奖励团队成员。

项目经理与团队成员联系紧密，对每个人在项目活动中的具体表现有最直接的发言权。在公正、公开的基础上，根据每个人的工作量、工作难度、对项目目标的贡献大小等评价维度，给出合理的奖励系数。将有限的正面激励权力抓在手中，将更有助于项目经理管理工作的开展。

做个不恰当的比喻，做项目也应该"攘外必先安内"。要满足领导、客户对项目目标的要求，项目经理必须做好针对团队的管控。通过获得合理的权力，有助于增强项目经理管理团队的主动性，那种"两头受气""腹背受敌"的被动状况就会得到明显的改善。

📝【情境回顾】

1. 项目经理在承担需要跨部门协作才能完成的复杂项目时，应该建立矩阵型组织结构的团队。
2. 项目经理应该争取到组建团队，根据需求主动获取资源的权力。
3. 掌握团队成员的考核与奖励权力，有助于项目经理在管理团队的过程中更加积极主动。

只盯进度，按时交付也失败

　　D公司是一家IT／ICT领域的设备系统工程公司，主要业务领域涉及电子、电气、信息类设备的安装与调试工作，各个通信运营商及相关设备生产厂家是它们的主要客户。随着行业发展的减缓，加上竞争日益激烈，当初那种不愁订单且利润丰厚的好日子早已结束了。如何抓住每一个市场机会是摆在公司从领导到员工面前最现实也是最迫切的考验。

　　严辉是D公司的交付项目经理，在4月中旬，他接到一个紧急项目：为当地某运营商完成一个本地小区家庭宽带系统的安装工作，为即将到来的国际电信日（5月17日）当天开始大规模放号做好准备。这个小区规模比较大，共有10栋22层的住宅楼，每层4户，一共880户。具体工作内容包括主光缆引入小区、光缆通过主分配箱引入各个单元，再通过既有的线缆管道将光纤分配到每一户的门口。虽然基本都是常规操作，没有什么更高的技术难度，但是由于工作量比较大，还涉及与小区物业及居民的沟通、配合，完成时间又不能拖延，因此交付难度非常大。

　　考虑到时间紧、任务重，严辉把公司内部能用的资源都用上了，甚至连刚刚入职，还没有完成技术培训的新员工都拉到了现场。整个项目过程并不十分顺利，比如因为个别人在楼道里吸烟，被物业人员发现，不但被停工1天，还被罚了款；有一个楼道在线缆敷设的时候穿错了管道，不得不全面返工；因为新员工操作水平有限，好几处光纤熔接不合格；有一个施工小组，因为没有事先和业主打招呼，在操作过程中因为噪声问题双方发生了纠纷，甚至惊动了片区警察！

经过半个多月的辛苦努力，这个项目总算是按时间要求完成了。可接下来公司项目部审计的结果却显示，该项目因为占用资源过多，成本偏高，导致合同利润率没有达到要求的及格水平，综合评估结果不达标。严辉作为项目经理，不但没有得到任何奖励，还在当月的绩效考核中被扣了分！

这让严辉倍感纠结：还不都是为了赶工期，满足客户的时间要求才投入那么多的人、设备，最后自己倒成了挨板子的人！太倒霉了！

【情境分析】

上面项目情境里面提到了，在管理项目的过程中，为了满足时间约束，使用了大量的资源，最后虽然进度满足要求，但是超支了。显然这是因为忽略了成本，没有考虑到预算的情况下，盲目追赶进度导致的问题。

很多人一提到项目管理，脑子里首先出现的是进度计划。把项目管理简单地等同于进度管理，只要让项目按时完成就可以了，只要满足进度要求，这个项目就算成功了。显然这样的理解是错误的。要想让一个项目能够获得成功，我们要从哪些方面做好规划管理和控制呢？还记得项目管理知识体系框架吗？整合、范围、进度、成本、资源、质量、沟通、风险、采购、干系人，一共涉及10个方面。一个项目如果能从这10个方面都做到合理的规划、管理和控制，它在未来达成目标的概率就能得到提升。所以，我们不能把项目管理简单地理解为进度管理，满足进度要求，不等于项目就能获得成功。

关于项目管理的另一个定义是这样说的：在多重制约的环境下，使用有限的资源完成适当的工作，最终获得各个干系人的相对满意。这里有一个细节：要获得干系人的满意。让谁满意呢？可能我们首先想到的当然是让客户满意，要考虑项目中的客户满意度。但是请注意，客户只是干系人的一部分，同时别忘了我们自己也是干系人，客户满意的同时也要考虑到我们自己的利益需要。

如同上面情境中提到的问题一样，客户强调的是进度，我们最终让进度满足了要求，客户满意了，但是这个项目超支了。项目超支了，我们能满意吗？我们当然不满意！获得收益是我们做项目要实现的目标，我们自己的目标没有实现，这样的项目不能叫作成功。因此，项目中只考虑客户满意还是不够的。

如何让项目真正满足各方干系人的各自利益呢？需要做好项目整合管理。对于"整合"，有些人可能不太理解，我们换一个更贴近实际、更好理解的词：协调。人员需要协调，资源、需求、标准等都需要协调。在项目的整个生命周期里，整合、协调是项目经理必须承担的重要责任。

对于项目经理来说，内部需要整合，包括协调人员、组建团队，协调各种项目中使用的物品资源、环境，等等。外部需要整合，项目经理需要通过多种途径和方法来获得客户的完整需求及有效的支持。项目活动本身也需要整合，针对范围、进度、成本、质量、资源等各种制约因素之间的关联，结合具体需求，做出合理的优化与调整。

整合的核心是满意。项目经理在组建团队的时候，资源部门、人力资源部门要满意，才会把相应资源释放给项目经理，允许他们加入团队。项目经理在了解、收集客户需求的时候，客户满意了，自己真实的需求得到了认可，他们才能让需求确定下来。制定验收标准的时候，项目团队与客户双方都满意了，大家都接受、认可了相关技术标准和条款，才能形成最终的验收规范。所以整合一定要达到各方的相对满意，具体工作才能获得最终的认可。

通过什么让干系人满意呢？沟通。整合、协调的外在表现就是不断地沟通。根据项目管理知识体系的描述，项目经理最重要的工作就是沟通。理论上，一名合格的项目经理，要拿出75%~90%的精力用于沟通。上级、下级、平级、领导、客户、发起人、供应商、团队成员，有时还要包括公众，这些都是需要沟通的对象。通过沟通，让信息得到及时、准确的传递，让各自的观点、主张碰撞、融合，以达到整合的目的。

在沟通中，有一个容易被忽略的细节：沟通方式。为了确保信息沟通的高效与准确，具体的沟通方式必须要得到沟通各方的认可与共识。只有用这种方式来沟通，才能起到最好的效果，达到我们整合、协调的目的。以向领导汇报工作为例，可以有哪些沟通方式呢？当面汇报、发邮件、打电话、微信或QQ等社交媒体，这些都是我们常用的沟通的方式，它们在整合过程中都可以发挥积极有效的作用。但是如果我们忽略了使用沟通方式的原则，沟通的效果就不一定好，整合的结果也就难以令人满意了。

在整合过程中，经常会遇到对客户需求的整合，特别是需求多变的情况下，如何满足客户的需求呢？这往往是项目中最让人头疼的问题，怎么才能让客户的需求受控呢？我们借用敏捷管理的一种方法。在敏捷项目中，通过与客户协商，将需求根据重要性的不同划分为"一定要的"——客户最关注的核心需求；"应该要的"——属于锦上添花的性质；"可以要的"——那种紧迫程度和优先级最低的，原则上也可以不被满足的需要。

在资源和时间受到制约的情况下，团队要集中精力优先充分满足那些"一定要的"需求，确保按规范实现。接下来再完成"应该要的"那部分工作，以起到锦上添花的效果。如果时间和精力允许，才可以提供"可以要的"需求，甚至也可以暂不满足。一旦出现新的需求，首先要通过评估与对比，确定优先级别，再决定是否可以加入工作计划，并且原计划中那些优先级最低的任务必须从任务清单中移除，以便为新加入的需求腾出必要的时间、资源。通过这种方式，由于客户的关键核心需求在第一时间得到了满足，虽然全部要求未必都能得到满足，但依然能获得比较高的客户满意度。

另外，由于市场竞争的加剧，各种制约限制条件的影响，为了让必要的利润得到满足，项目中的各种"跑冒滴漏"一定要管好。有一种说法："节约的每一分钱都是利润。"项目里边有哪些可以省下来的成本呢？以上面情境中描述的现场施工项目为例，如果能做到减少操作失误、规范行为、避免返工、提高问题解决效率、压缩不必要的现场差旅，项目成本就能得到很大的节省，甚至可以减少修补客户关系的市场费用。

总之，以各干系人满意为核心，通过高效的沟通来整合项目的目标，而不是单纯地强调进度或者强调成本。同时也不能忽略项目工作里边的种种"跑冒滴漏"，让节省剩下来的成本转化成利润，这样才能使项目工作得到最完整、最高效的管理与实现。

📝【情境回顾】

1. 项目管理涉及方方面面，不能简单地将项目管理等同于进度管理。

2. 项目管理的核心是整合，整合的目的是取得各个干系人的相对满意。

3. 整合工作是通过沟通完成的，项目经理最重要的工作职责就是沟通，在沟通中需要注意采取恰当的沟通方式。

4. 不要忽视项目工作过程中的"跑冒滴漏"。通过优化管理，可以让节省下的成本转化为利润。

范围多变，固定总价不固定

💬【情境再现】

　　林枫是C公司的一名项目经理，负责该公司产品在自动化生产领域的安装与调试工作。5年前他刚入职的时候，所有的设备安装工作，从机柜固定，到线缆的布放，再到系统加电调试都是办事处交付部门的工程师自己完成的。也正是在那段时间，林枫的产品技术水平和项目现场的沟通、协调能力得到了充分的锻炼与提升。但是，随着市场设备存量的不断增加，办事处数量有限的工程师越来越忙不过来了。考虑到客户需求与公司长期发展的需要，高层领导决定引入合作分包商，以合理缓解办事处工程师的工作负荷，确保客户的关键性问题得到及时的解决。

　　公司引入分包商的政策对林枫来说可谓喜忧参半。1年前他被提升为项目经理，自从带团队以来，资源紧张一直是一道无解的难题！有了分包商，分担了一部分工作，一方面，确实让他明显感到来自项目中的资源压力减轻了；但另一方面，新的问题又出现了：分包的费用总是难以控制！根据公司当前的政策，每一单分包合同都是按照固定总价合同的方式签订的。也就是说，根据具体的工作量，通过商务谈判，确定一个双方满意的工作内容、标准和价格，合同一经签订，原则上就不再发生改动，最终以验收结果作为结算依据。

虽然理论上说，固定总价合同签订后，所有风险都应该由卖方承担，但问题是，引发工作量超出范围的原因往往又与客户、C公司脱不开干系！比如客户机房从1楼改到了5楼，并且没有电梯；原来设计中的明线走线方式变成了穿管道的暗线方式；说好的公司齐套一次发货，结果变成了分批发货，导致分包商不得不多次租用搬家公司的厢式货车，将C公司的设备从郊区货站二次转运到客户机房。这些引发大量成本支出、资源占用的调整，最终都通过变更反映在合同价格里了。

C公司对项目经理的考核也很严格，其中一条就是要确保项目的利润有效值。因为分包价格多次上涨，林枫已经被扣了好几次分。这让他很为难，已经签成了固定总价的承包项目了，却又屡屡出现工作量超预算的情况，这个问题怎样才能有效地解决呢？

✎【情境分析】

这个项目情境中描述的内容，在很多涉及外包工作的项目中算是比较常见的问题：合同中事先规定的工作范围发生了变化。对于项目经理来说，变更可谓稀松平常，很多行业、单位都有非常成熟、规范的变更流程。比如项目管理知识体系中介绍的"整体变更控制"过程，就包括正式记录变更申请、全面分析和评估变更影响、根据评估结果做出变更结论、更新项目管理计划、通知受变更影响的相关干系人、执行具体变更工作，以及将该次变更活动在变更日志里记录备案。

但是，在遇到项目中的合同条款需要调整的时候，由于往往会涉及严肃的法律关系，相关的变更活动可能会更复杂、更专业。我们这次的话题暂时先不涉及合同条款应该如何在满足法律法规约束的前提下进行具体调整。结合具体情境，让我们看看在外包工作中，应该如何恰当地应对，甚至预防这种合同范围发生变化的情况。

在这个情境中，项目经理林枫遇到的是固定总价合同，这是一种在项目实践中最常见的合同类型。所谓"固定总价"，如字面描述的那样，就是合同价格固定不变。因为形式简单，这种合同有时候被通俗地称为"一口价"合同，"一手交钱，一手交货"。交钱的是买方，或者叫甲方，而交货的自然就是卖方，也往往被称为乙方。当买卖双方就特定的产品服务或成果的采购达成一致，并根据相关具体范围设定一个具体的价格，固定总价合同就形成了。

什么样的情况下我们可以签订成这种固定总价合同呢？通常对需要完成/交付的成果范围有明确的说明和定义，以双方认可的合同条款的形式被逐一清晰、准确地记录下来，并且预计在整个合同生命周期内不会出现变更和调整。满足这样的条件了，我们就可以签成固定总价合同。正是因为全部合同工作都得到了准确详细的说明，实施过程中就可以避免出现很多因为理解偏差而导致的争议。总体来说固定总价合同的形式比较简单，因此在工作里面也得到了大量、广泛的应用。

面对这种固定总价合同，买方的风险和压力相对比较小。因为作为买方，只要合同签订，理论上就可以等着要结果了：按照合同里面的约定条款来对卖方提供的产品、服务或成果进行检验。合格了，就按合同付款，结束合同关系；如果不满足要求，就可以拒绝接收，直到通过整改满足要求为止。至于项目过程中，包括整改过程中卖方花了多少钱，投入了多少资源成本，与买方没有关系。

很明显，这种合同架构下，更多的不确定性压力都在卖方！由于价格一经签订就不再改变，因此由项目过程中的各种意外、风险所引起的改变，其过程和结果都是由卖方承担的。用通俗的话说，只有到最终合同结束的时候，卖方才能准确地知道自己究竟挣了多少钱！

说到这里，回头看看项目情境中的项目经理林枫，他遇到了固定总价合同不能再保持"固定"的问题：出现了重大变更。当合同执行过程中发生了重大调整，特别是导致资源、成本、进度、范围严重偏离了合同条款的时候，买卖双方就需要通过协商、谈判的方式来修改合同内容，重新签订，这时，合同价格往往都会发生改变。也正是因为这种原因，才导致林枫负责的项目外包成本变得失控了。

固定总价合同应该怎样管理呢？作为买方项目经理，可能因为工作职责分工的原因，不能全程参与外包合同的谈判与签订过程，但是不能因为这种合同对买方的风险小就采取放任的态度。项目经理首先要做到对合同条款足够熟悉。合同条款里面会明确地记录，哪些是项目里该做的，哪些是不该做的，需要按照什么标准完成。要保证对合同条款的内容烂熟于胸，以确保卖方的所有工作都按照合同条款的描述执行。

另外，项目经理还要随时掌握和记录外包项目的真实状况。不但自己清楚，还要及时地把项目的进展信息形成规范的报告，让相关干系人，特别是那些有职务、有权力、有资源的领导及时了解，以便让出现的问题立即得到对应的解决办法，保证用最小的成本代价来修正工作中的偏差。让项目的范围得到一个合理的控制，避免出现导致合同变更的重大的偏差，这是管理好固定总价合同范围的一个重要原则。

另一种情况，如果因为项目的特殊性，工作内容确实难以做到准确的事前描述、确定，或者在合同执行过程中，有比较多的不确定因素，比如这个情境中提到的客户原因、买方自身原因引起的重大变更。为了做到对买卖双方的公平，这样的项目可以签订成本补偿合同。

所谓的成本补偿合同，特点是合同签订前，具体的工作范围只能形成一个大致的框架，难以做出准确的界定与描述，只能根据最终实际发生的工作量来计算完整的合同价格。与固定总价合同正好相反，成本补偿合同的特点是，合同过程中的所有实际成本都由买方实报实销，另外再单独拿出一部分钱作为卖方的利润（根据不同的具体合同类型，利润部分有不同的计算方法）。所以卖方通常一开始就知道自己将获得多少有效收益，合同中更多的风险转移给了买方：不到合同最终完成，买方不知道自己需要花多少钱！

鉴于成本补偿合同的特点，买方要投入更多的精力做好合同过程的监控，以确保项目工作绩效保持在正常的状态。由于这种合同买方承担全部实际成本，卖方利润单独计算的特点，卖方有可能会主动增加工作范围，所谓"把盘子做大"，以便在合同中获得更多的收益。这有可能给买方的成本造成压力。

上面讲的，都是如何预防外包成本因合同范围变更而增加的手段。退一步说，如果情境中的问题已经发生了，作为项目经理接下来还可以做什么呢？别忘了，"吃一堑，长一智"，要通过复盘，找到导致问题的深层次原因，并给出切实可行的修正或优化措施，为将来的项目尽可能扫清类似的障碍，不让相同、相似的石头把自己再次绊倒。

合同是项目活动中具有最高法律责任的书面文件。针对特定的项目工作，选择合理的合同类型，并给予恰当的管理，能够让相关采购活动变得更加规范和受控。

【情境回顾】

1. 如果需要完成的采购活动需求明确，范围清晰，就可以签订成固定总价合同。这种合同相对简单，风险主要集中在卖方。

2. 如果需要完成的采购活动需求不明，范围难以事先准确界定，应该优先考虑签订成本补偿合同，根据最终工作结果确定合同价格。这种合同的主要风险在买方。

3. 针对采购活动中出现的过大范围变化，项目经理应该在事后通过复盘活动找到根本原因，并给出有效措施，以防止类似问题后续再次发生。

异地他乡，排外让人很纠结

【情境再现】

　　N公司8年前在S省成立，最初创业的几位领导也都是S省土生土长的本地人。凭借有竞争力的产品、服务，再加上行业内本地的人际关系，公司很快在省内站稳了脚跟。随着规模和产品线的扩大，N公司管理层已经不满足于本地市场的规模，开始尝试向省外发展、开拓，并把这当作接下来3年的战略目标。

　　郑琪在N公司工程管理部做项目经理，负责完成公司销售的设备交付工作。他所在的工程管理部目前有12名专职项目经理，为了响应领导开拓外省市场的要求，已经有4人被派到不同的省份，配合市场部门在当地建办事处、项目管理中心。其中两人和郑琪关系非常好，是一同入职的老同事。虽然因为工作关系不在一个办公室，不能天天见面了，但大家在微信上还一直保持着联系。

　　从他俩的描述看，去外省发展真的不容易！以前的省内项目，客户关系都比较好，有些客户单位的领导和N公司领导私下是很好的朋友，到那些地方去做项目，甚至感觉不出甲乙双方的区别，不但工作上能得到积极有效的配合，连食宿、交通这些小事都被客户安排得井井有条。可到了其他省份，真像自家的孩子出了远门，看客户的冷脸、吃闭门羹是家常便饭，特别是那些已经在当地站住脚的竞争对手，更是各种明枪暗箭，让人防不胜防！

郑琪是个性格偏于内向的人，对他来说，能把更多的精力和心思都放在项目工作上，这让他觉得挺踏实。可没想到，领导找他谈话，打算让他去新近开发的F省做办事处项目管理科的科长，并答应给他配备一个配置健全的管理交付团队，而且根据市场科的同事反馈，F省在两年内可以确保足够的工程量。不过，领导也明确提醒郑琪，这个F省的市场是刚刚从竞争对手手里抢过来的，项目环境会比较复杂，客户方面也还存在一些质疑和排外的情绪，要他做好心理准备。从项目经理被提拔到办事处科长，要说这是好事，可一想到自己朋友说的在外省遇到的那些困难，再加上领导的警告，这让郑琪有些犹豫了：怎么才能在一个陌生且排外的区域搭建起足以长期扎根立足的交付体系呢？

【情境分析】

这个项目情境比较特殊：项目经理遇到了排外的工作环境！俗话说：他山之石可以攻玉。我们先看另外一个例子，这是很多中国企业在海外施工项目中遇到的问题。

中国企业参与海外项目的历史不短了，随着"一带一路"倡议得到世界很多国家广泛的认同，更多的企业开始"走出去"，在更广阔的国际市场上发展、壮大。但是一个让人感到尴尬的问题却越来越不容忽视了：花钱却买不到认可！这种情况在国内是不多见的。一个规模庞大的项目，不论是基础建设还是能源开发，从项目的角度看，绝对是互惠互利的好事，项目本身也往往能得到当地政府的认可和支持。但问题是，到了海外，原本双赢的项目，却得不到当地公众的接纳，因为被抵制而不得不停工，甚至项目被迫终止的情况都有发生。什么原因呢？去掉一些复杂的，甚至是别有用心的政治因素，其中确实有一些值得我们自己反思的问题。

一种情况是，很多中国企业在海外施工现场搞全封闭管理，从装备物资，到后勤保障，甚至连蔬菜都是自己在工地里种植！再加上对项目人员的准军事化管理，几乎不与当地人有任何接触，没有消费。结果就是，如此庞大的一个项目，周边的当地公众居然从中一分钱也挣不到！

另一种情况是，项目的大门确实打开了，比如从当地雇用一些工人，给他们提供了就业机会。但问题是，对当地的法律法规、民俗习惯不了解，在很多对中国人来说完全不是问题的问题上，出现了问题！比如加班。这也造成了一些不必要的冲突和矛盾，让我们在当地变得不受欢迎。

再加上个别项目在实施的过程中，忽视了当地的风俗文化、传统信仰，一些员工在行为举止、饮食习惯等方面出现了让当地人反感的不当表现，也让正常的项目工作受到了负面的影响。

上述种种原因，导致一些海外项目在"走出去"的过程中遭受了损失，也付出了代价。这些问题归根结底，是文化差异引起的冲突。回过头来再看看这个具体情境中的情况：一家在本省做得风生水起的企业，要到外省开拓市场了。离开自己家，到了"别人家"的地盘上，怎样才能把项目做好，让自己的交付体系稳固地搭建起来呢？

参考上面海外项目遇到的情况，要想在一个远离家乡的陌生环境中生存下去，必须要考虑到两地间文化的不同。由于地理距离的分隔，彼此间在风俗传统、饮食习惯上可能会有一些细微的差别。文化风俗，是某一个特定地区聚集的人群多年以来形成的一种约定俗成的习惯，毕竟同在国内，因此大的文化背景是相同的，所以这个层面上的差异通常不会导致什么原则上的根本的冲突。文化面前没有对错，既不要排斥，也不需要有什么评价，应该积极地接纳，让自己主动融入新的环境里去，这将有助于我们更好地在当地站稳脚跟。

要在一个全新的地区长期开展项目活动，相关项目工作成员首先要长期在这里生活。无论是从项目工作需要的角度，还是作为一名合格的公民，一定要践行公序良俗，严格地约束自己的行为，不给别人造成麻烦和困扰，这是对我们在异地他乡正常生活提出的基本要求。所谓公序良俗，是大家都认可、都接受的是非观、道德和行为的准则。如果违背了公序良俗，可能行为本身算不上违法，但会非常招致别人的反感，进而产生排斥的态度。最现实的例子，如果项目成员在租住的地方不分时间大声喧哗、违反垃圾分类的规定随意丢弃，就会成为不受欢迎的对象。

毕竟不同于简单的异地生活，为了能让项目工作得到顺利的实施，必须要做好项目管理工作。合理规划，谨慎执行，密切跟踪监控，高效沟通，特别是市场和交付团队之间的密切配合，通过自己高效、规范的工作过程，产出令人满意的项目成果来赢得市场、赢得客户的接纳和信任，这是消除客户疑虑、打败竞争对手、将异地他乡变成自己的根据地的最有效的途径。

另外，在上面情境描述中，还特别提到了一个词：排外。不被接纳就是排外，结合具体的项目环境，通常情况下排外表现为遭到别人的白眼，不能获得积极主动的配合，甚至在项目工作中被人为制造一些麻烦、干扰等。为什么会出现被排斥的情况呢？难道真的就只是因为我们是从外边来的吗？应该如何看待排外的问题呢？站在项目管理的角度，最好能从干系人利益影响的方面多做些功课。

因为个人或群体的利益受到了项目活动过程、结果的直接、间接影响，干系人会有不同的行为表现，可能帮助、促进项目活动的开展，也可能阻挠、破坏项目工作的执行。那些利益受到负面影响，甚至只是自以为自己的利益会受到负面影响的干系人，往往就会表现出更多的敌意、不友好，包括情境中提到的排外。

所以，要想有效解决排外的问题，还是要在干系人的识别、分析与管理工作上多下功夫。究竟是谁对我们态度不友好？是客户吗？是当地的分包商吗？甚至是我们租住的小区的业主、物业吗？首先找到那些持有敌意态度的干系人，然后通过多方面的分析、沟通，找到引起他们情感抵触的根本原因，再针对原因采取相应的措施，来澄清、缓解，甚至消除抵触。当然，实际工作中真的也存在那种对项目单纯从感情上反感、抵触的干系人：我就是讨厌你们，就是不喜欢你们，想办法也要给你找点儿麻烦！如果真的遇到了这种人，我们也要有必要的压制手段，比如找到项目的决策链，作为链条上的一环，一定有管得住他的人，可以通过高层的权力来对这种特殊干系人施以必要的压力，让这种不理性的排外问题得到合理的解决、应对。

到一个陌生的环境中，不但要完成项目工作，还要确保长期驻扎下来，这对项目经理来说确实是一个挑战。只要做到入乡随俗，主动融入新环境，认真做好项目管理工作，用成绩说话，同时关注干系人的切身利益要求，做好主动的管理和干预，就一定能站稳脚跟，在竞争中获得更大的优势。

📝【情境回顾】

1. 要在一个全新的地区长期开展项目活动，项目经理和团队首先要意识到地域差异导致的风俗传统的不同，并积极主动地理解、接纳。

2. 在新环境中，要践行公序良俗，严格地约束自己的行为，这是对我们在异地他乡正常生活提出的基本要求。

3. 做好项目管理工作，高效、规范的工作过程，令人满意的项目成果是消除客户疑虑，打败竞争对手，将异地他乡变成自己的根据地的最有效途径。

4. 针对"排外"问题，要从干系人管理的角度出发，关注他们的切身利益要求，做好主动的管理和干预。

甲方原因，工期延误怎么办

  H公司的主打产品是数字调度系统，他们的客户主要集中在公路和铁路领域。随着国家交通基础建设的高速发展，H公司也迅速壮大，早期只能生产简单的模拟信号传输与控制设备，到现在已经可以提供全套数字信号解决方案，在业内也具有一定的影响力。

  黄勇是1年前入职H公司的，当时申请的职位是系统工程师。他是学自动化专业的，来H公司前，在另一家小企业做过一段时间的研发工作，技术水平较高。正是凭借着过硬的技术能力，黄勇多次成功解决了现场难题，不但赢得了客户的认可，也引起了领导的关注。考虑到公司项目越来越多，急需交付管理人才，年初的时候，黄勇被任命为专职项目经理，负责某片区的交付项目管理工作。

  对于新的工作职责，黄勇还是很有信心的。毕竟是自己熟悉的技术工作，有之前的经验储备，再加上有团队的支持，不再是单枪匹马面对客户，肯定能做好！可是几个项目干下来，黄勇发现，项目经理和之前自己做的系统工程师还是有显著区别的。首先，要对项目的目标负责了。以前只要解决了设备的技术问题就算胜利完成任务，可现在，项目的进度、功能、质量、资源、客户满意度，所有这些方方面面的因素都是不能忽略的重点！

最让他感到头疼的，就是项目工作的推进往往受到客户因素的不利影响，包括现场不具备施工条件（比如电源、地线不满足系统要求、设备安装位置不能确定等），客户自己采购的配套设备到货延迟，甚至机房的基础建设没有按时完工！本来自己能使用的资源就是有限的，这已经给项目按时完成造成了不小的压力。由于客户原因导致的工期延误，让自己项目工作的安排更加混乱，工作来了却没人干，人员到位了又没事干，这种令人尴尬的情况已经多次发生。由于现场情况的不确定，导致一个站点多次往返，团队的差旅成本也大大增加，项目管理部已经2次发出提醒邮件，要他注意监督进度，同时要控制项目成本。

黄勇很是无奈，这种因为甲方原因导致的工期延误、成本增加，自己又能有什么办法呢？

🖊【情境分析】

项目实施过程中，因为客户方的原因而导致工作不能按计划启动，甚至在一段时间内完全停顿下来，这对项目经理和团队而言确实是一个非常头疼的问题。一方面，因为是客户方的原因，项目经理自己通常有劲儿使不上，除了被动地接受几乎没有什么更主动的办法；另一方面，这种无法控制的工作停顿往往会引起项目工期延误，进而可能导致包括资源计划被打乱、成本超支等一系列问题的出现。上面情境中，项目经理黄勇就真的遇到了这种糟心事儿！客户原因导致的项目延误，作为项目经理真的只能被动接受，只能认倒霉吗？当然不是！接下来我们就说说，这种情况下，项目经理能够，也应该主动地做些什么。

由于客户方面的问题影响项目工作无法正常开展的原因有很多，施工环境不具备开工条件、其他配套设备没有按时到位、客户方与项目工作相关的某些数据、信息还没有最终确定，甚至那些有权力的干系人的一句话，都可能让项目工作停滞下来。但是，这种来自客户方的影响有大有小，对项目工作的冲击也可能是各个方面的，所以项目经理在管理项目工作的时候，必须要清楚地知道，项目工期是由哪些活动决定的。

    无论是阶段目标还是整体项目目标，都是通过实施数量、规模不等的各项具体活动得以实现的结果。我们在编制工作进度计划的时候，会将这些活动按照彼此间的逻辑关系合理排序（比如设备加电后，才能开始数据调试；硬件安装的同时就可以开始准备后续调试阶段的数据定义）、为每项活动分配适当的资源（既包括人，也包括物品，如工具、仪表、设备等），并合理估算出完成这些活动的必要时间。如果把项目开始的第一项活动看作起点，最终结束当前阶段或整个项目的最后一项工作看作终点，起点和终点之间往往会包含多项彼此有顺序关系的任务，其中消耗时间最长的那条路径被称为"关键路径"，而这条关键路径的时间长度，也就是这个项目阶段或整体项目的最短工期。换句话说，关键路径决定了项目工期的长短。

    找到项目工作关键路径的价值在于，能够帮助项目经理抓住影响工期的主要矛盾。一方面，在资源有限甚至不足的情况下，应该尽量优先满足关键路径活动的资源需求，只有让这些直接决定工期长短的关键活动按计划时间完成，才能最大限度地保证项目满足进度要求；另一方面，如果因为客户原因让项目工作受阻，项目经理必须能够做出及时判断，受到影响的工作是否是关键路径上的活动。如果是非关键路径的上的工作，通常短时间内不会对整体项目工期造成严重的影响，项目经理应该在持续关注客户问题进展的同时，合理安排当前承担受阻工作的资源，并确保关键路径活动按计划继续执行。

    一旦受到阻滞的是关键路径活动，项目经理就要意识到，当前项目阶段的计划工期已经受到了直接影响，工期延误不可避免了。如果这种影响是暂时的，工作的恢复是可预见的，项目经理就要提前为受影响的关键路径工作考虑合理的进度压缩措施，包括安排必要的加班、补充适量的资源，或者让一些后续的关键活动提前开始（例如，不等安装工作全部完成，后续的系统加电和调试活动就提前开始了），同时还要做好风险应对的准备。

    如果来自客户方的影响难以在短时间内消除，或者无法预计这种阻碍将持续时间的长短，关键路径活动的执行就会处于失控状态，导致项目工作严重延误，这会给后续工作造成重大的压力。在这种情况下，项目经理就要考虑及时停工了。所谓停工，是指将不具备工作条件的项目活动通过正式的方式停下来，从而让项目计划处于"暂停"状态。所谓的"正式方式"指的是要有规范的《停工报告》。在这份文件中，要详细、客观地说明导致项目工作暂时中止的原因，并要得到客户的认可。这样做的价值在于，既明确了项目暂时无法实施的具体理由，让项目经理对重要干系人有一个负责的交代，又有利于使有限的项目资源得到合理的调整和优化，提高资源使用的效率，避免出现资源被"窝工"的情况发生，同时也有助于为将来争取延长项目工期提供合理的依据。

让项目工作以正式的方式暂停下来，也是对那些重要的项目干系人的一个提醒：项目工作遇到了项目经理和团队难以应对的困难，需要他们给予支持，协助解决。停工期间，项目经理的工作重心一般都会转移到其他正常执行的项目上去，但同时还要继续为暂停的项目承担管理责任，要随时密切关注那些阻碍项目工作正常开展的问题状况，一旦具备了施工条件，应该立即复工，同时签署《复工报告》，让项目工作迅速得到恢复。无论是《停工报告》还是《复工报告》，正式、书面的准确记录既体现了项目经理和团队规范、成熟的工作态度，同时也是对项目和客户的尊重，有助于赢得客户的理解和信任。

项目工作很难做到一帆风顺，出现波折和问题是项目生命周期的常态。即使有些问题是来自客户一方的，项目经理依然可以做到积极主动，让项目工作受到的不利影响降到最低，让项目工作变得可管可控。

【情境回顾】

1. 由客户方原因引起的项目工期延误，有可能导致成本增加，影响收益。

2. 项目经理和团队要提前找到影响项目工期的关键路径，合理分配资源，让关键活动能够按计划执行，从而保证工期满足要求。

3. 如果来自客户方的不利影响让关键路径处于失控状态，项目经理应该及时通过签署《停工报告》的方式，让项目计划处于"暂停"状态，让资源得到合理分配。

4. 一旦具备了施工条件，项目经理应该立即复工，同时签署《复工报告》，让项目工作迅速得到恢复。规范的停工与复工有助于赢得客户的理解和信任。

不良情绪，七种武器来应对

吕天是C公司项目部的一名项目经理。按公司考核的规定，项目部每个月都有需要按时验收的项目，并且考核的要求非常严格，必须在当月最后一天下班前，将拿到的有客户签字盖章的验收证书扫描件发回公司总部。如果晚了，就按没完成任务处理，不光该项目的项目经理要受到考核扣分的处罚，连他所在的部门考核成绩都会受到影响。由于考核直接与每个人的切身利益直接挂钩，因此项目验收工作成了从部门领导到每个员工都格外重视的工作。

吕天负责的一个项目进展还算顺利，可最终验收却遇到了问题：客户方面因为主管领导出差，迟迟未回，验收日期被一拖再拖，这让吕天的压力骤增。眼看就到月底了，经过多方协调，验收工作总算是开始了，可整个过程又充满了变数：有的是客户突然提出了新的需求，有的是自己的产品又出现了小问题，吕天几乎全天都泡在客户机房的现场，带着几名工程师，随时准备着解决新问题。

他的压力太大了，以至于好几次因为自己人的小失误，就情绪失控，把团队成员劈头盖脸骂了一顿。事后连他自己都觉得太过分了，又不得不赔着笑脸给人家道歉。上周，系统验收测试工作终于结束了，原本按计划在周末就能拿到客户签字盖章的验收证书了，那天正好也是月底的最后一天，考核任务总算是可以完成了。没想到周五一早客户领导又出差了，已经准备好的验收报告最快也要到下周一才能盖上章！这突然的变故让吕天措手不及，又实在无法可想，只好把这个结果告诉了领导。因为他的项目不能按要求完成验收，影响了整个部门的考核，吕天被领导狠狠教训了一通！

吕天真是又窝火又委屈，正在这个时候，文员小刘把需要打印装订的客户项目资料又搞乱了，好几张图纸不得不重新绘制。吕天又一次情绪爆发，几句不好听的话脱口而出，把小刘骂哭了！吕天心里也是暗暗叫苦：怎么就控制不住自己的情绪呢！唉！

【情境分析】

对于项目经理而言，源自工作的常见压力包括领导对项目支持力度有限、团队成员不配合、客户过于苛责、工作量太大、技术难题不能得到及时解决等。而压力又是导致不良情绪的最主要原因，比如焦虑、烦躁、沮丧、无助、愤怒，甚至还有绝望！上面情境中的项目经理吕天就被自己源于工作压力的不良情绪所困扰。如果项目经理不能对自己的情绪做出积极有效的管理和控制，就可能影响到项目团队的氛围，影响到目标的达成，影响到客户满意度。当然，疏于管理的情绪也会直接影响项目经理自身的健康与发展。

怎样才能不被情绪左右，做自己情绪的主人呢？这里总结了7个方法，即所谓"7种武器"。

第一种"武器"，做好项目管理，从根源上减轻导致不良情绪产生的根本原因。重视项目规划，在执行之前有一个切实可行的工作方案；在项目过程中做好各部门的配合与协调；以规范的态度对待变更；做好干系人的沟通管理，保证项目执行相对更加顺利。项目工作顺利了，肩上的压力自然会相应地减轻。压力是导致不良情绪产生的最重要的原因，高效的项目管理能从根源上直接减少压力感，这是让项目经理情绪受控最积极主动、最有效的好办法。

第二种"武器"，学会趋利避害。作为项目经理，拥有积极向上的工作态度和价值观是确保项目最终完成并达到目标的重要的保证。项目经理要对自己完成的工作有更全面和深入的理解。为什么要做这个项目？项目的意义和价值是什么？通过这个项目能给组织、给自己带来什么收益？如果对项目有了更清晰的理解和认知，并能从中感受到自己的责任感、成就感，那么项目经理投入工作的积极性、主动性就能得到加强。同样的工作，如果缺乏积极向上的态度，项目活动中的各种疲劳、辛苦会让人感到非常沮丧、身心俱疲。但是如果有了积极主动的态度，面对同样辛苦的工作，项目经理就能有更高的容忍度和承受力。这是一种非常有效的让情绪得到改善、控制的手段。

既要趋利还要避害。什么是"害"呢？就是单纯地发牢骚和抱怨。发牢骚、抱怨是一种不满情绪的表达、发泄，是正常的。但是如果无原则地发牢骚，见什么都抱怨，看什么都不顺眼，就变成了不良情绪的重要源泉。这种不良情绪很容易感染到别人，很可能对团队整体的氛围造成严重破坏，要及时地采取一些必要的措施，有意识地控制不良情绪的蔓延。

第三种"武器"是不单打独斗。各位项目经理一定要认识到：你不是一个人在战斗！项目经理要善于分解自己身上的压力，善于寻求资源和帮助。什么人是你分解压力的对象呢？最有效也是最直接的，就是你的团队成员。项目经理应该有意识地把自己的工作、责任分解给他们。如果确实有一些权力，也应该与对应的工作责任一起，及时、积极主动地分解给团队成员。这样做既减轻了项目经理的压力，避免了不良情绪的产生，又给团队成员提供了锻炼的机会，实现了双赢。

第四种"武器"是正确地释放压力。压力是导致不良情绪产生的原因，所以项目经理要善于把过大的压力正确地释放出去。释放压力的方法很多，最关键的要点是"正确释放"，即释放压力的途径要选择好。最常见也最有效的是良好的兴趣爱好，比如听音乐，唱歌、运动或者与朋友聊天。这些都是我们释放压力的特别好的途径。以运动为例，通过大量的排汗和肌肉的疲劳感，能够极大地把精神上的压力释放出来。在不干扰、伤害别人，同时也不伤害自己的情况下，让心里的不满、负面情绪得到充分的释放，都是可以接受的、有效的办法。

第五种"武器"，不放纵情绪。放纵就是放弃了原则，放弃了底线，就是不计后果地恣意妄为。骂键盘、摔鼠标、砸显示器，这就是放纵。人在情绪过于低落的时候，有可能做出一些不理智的行为。放纵自己的时候可能觉得很舒服、痛快，心里过瘾，但是放纵过后，无一例外都要后悔。放纵的代价是我们自己不希望甚至是无法承担的。作为项目经理，要特别注意避免、杜绝因为自己情绪不好、压力大，就拿别人出气的行为。比如上面情境中的项目经理吕天，因为自己情绪烦躁，就对团队成员发脾气，过分指责，这些行为要坚决杜绝。

第六种"武器"叫换位思考。这是我们不良情绪得到缓解、疏导的一种非常有效的途径。如果我们能够站在别人的角度，或者跳出我们自己的身份，以旁观者的立场回过头来看一看"我们为什么产生这些不良的情绪？我们为什么遭受这样的压力？"有时候我们就能够让自己的这种不良情绪得到一定的缓解。

第七种"武器"是劳逸结合。身体健康永远是第一位的，如果没有健康的身体，其他任何都是零。越是工作压力大，越应该注意劳逸结合，特别是要尽可能地保证睡眠时间。其实如果能把平时刷微博、看朋友圈的时间用在睡觉上，一切问题都解决了。如果能够得到合理、适当的休息，我们的情绪自然能够得到充分的缓解、平复。

情绪管理是否合理、有效，不但直接关系到项目经理自身的发展与健康，更直接影响到工作目标的实现。积极、充分地运用"七种武器"，一定能让我们的情绪得到有效的管理和控制，让我们始终怀着愉快、健康的心情，充满信心地迎接每一天。

【情境回顾】

1. 压力会导致不良情绪的产生，如果不能得到有效的管理和控制，可能影响到项目团队的氛围，影响到目标的达成，影响到客户满意度，包括影响项目经理自身的健康与发展。

2. 做好项目管理工作，趋利避害，充分利用身边的资源，合理分解压力，都有助于控制和减少不良情绪的产生。

3. 应当采用正确、合理的途径释放压力，不要放纵自己的行为。

4. 在工作中做到适当地换位思考，合理休息，劳逸结合，也可以缓解压力，让不良情绪受控。

重视技术，项目资料被忽视

📭 【情境再现】

　　F集团是一家规模庞大的上市企业，客户遍及全国，相关的业务设备存量巨大。考虑到成本压力和客户对业务性能要求的不断提升，F集团通过公开招标的方式，选择了一批能力满足要求，同时价格更加合理的代维公司，承担部分业务系统的运营保障工作。

　　B公司凭借多年的代维服务工作经验，加之有竞争力的报价，成为F集团总部所在地省份的服务分包商之一。根据双方签订的合同，B公司提供以年度为单位的有偿服务工作，即合同签订之日，一年以内，F集团的相关设备、系统一旦发生故障，B公司都要按照合同约定，在指定时间内解决问题，恢复正常业务功能。F集团则根据B公司具体负责的设备总存量，支付相应的服务费用。

　　潘岳是这年2月份入职B公司项目交付部的，负责F集团2个地级市的设备运维工作。他到B公司之前是设备生产厂家的技术工程师，所以在产品技术方面有天然的优势，很快就得到了领导和同事的认可，被提拔为工程项目经理。潘岳也真的不负众望，把手下交付团队的工作安排得井井有条，还得到了客户的表扬信。

　　眼看年底就要到了，按照B公司的考核要求，项目交付部的每位项目经理都要对自己一年的工作做述职总结，这也将成为他们年终绩效奖励的重要参考因素。潘岳是做技术工作出身的，对系统设备的技术性问题、故障特别敏感，所以每次客户设备出现问题，他都能第一时间安排合适的人员及时处理，这一点深得客户欢迎。但是他对工作记录，或者说项目文档真的就没那么重视了。反正是包年的服务，该干的都干了，让客户满意就行了，记录不记录能怎么样呢？因为有这种想法，除了几次让他印象深刻的紧急故障处理，再加上那封客户表扬信，他几乎没有什么关于工作内容的资料可循了。结果，因为述职内容空泛，潘岳年终考核并没有得到理想的分数。这让他很不服气：难道只有写下来的、记录下来的才叫"工作量"吗？

✍【情境分析】

很多一线的项目经理都是从专业岗位上被提拔起来的。他们通常都拥有扎实的技术储备，丰富的实践经验，并能得到领导的信赖与团队成员的认可。自己以往的工作经历让他们对相关专业知识格外重视，那些曾经的经验教训也让他们在面对当前项目工作的时候时刻提高警惕，避免再次掉入相同或相似的陷阱。然而，容易被一些项目经理忽视的，是与项目工作相关的各种文档的及时记录与归档管理。这些看似不起眼的书面资料，如果不能做到与工作同步，越到项目后期就越会成为项目经理和团队的噩梦，甚至直接威胁到最终成果的顺利移交和项目关闭。

长于执行而疏于记录，这种看起来只是一种个人习惯的小疏漏，却真的能给项目经理带来不小的麻烦。我自己在这个问题上就吃过苦头。我服务的第一家单位，是个规模不大的民营企业，主营业务之一是为分布在全国各地的寻呼台（20世纪90年代，移动通信尚不发达，曾经出现过一种过渡性的通信产品：寻呼机。用户随身携带，当有人需要与之联系的时候，可以通过寻呼台，给寻呼机发送需要联系的电话号码或简短的文字信息。到21世纪，随着手机的迅速普及，寻呼机很快退出了舞台）搭建卫星站，以实现寻呼信息的异地漫游服务。

当时我们的很多客户都是私人企业，本身也没有那么规范，再加上客户关系通常都比较好，回款的风险不大，所以一般都是把业务开通，设备运行正常当作工作完成的标志，而对类似"验货报告""开通报告""验收报告""设备故障处理报告"等项目文档资料没有太高的要求。虽然领导也会强调，但始终没有得到一线工程师太大的重视。甚至在客户设备发生故障后，我们区分是否在约定的1年免费维护期内的依据，是当初完成这个站点开通工作的工程师自己的记忆！

随着公司的发展，业务领域不断扩大，领导也认识到了规范的重要性。为了获得某国际资质认证，公司专门聘请了一位专家，指导各个部门做好相关配合工作。而我所在的工程实施部门，被要求提供1年以内，所有与开通、维护工作相关的文档资料，而且必须是有用户签字、盖章的原件！当时这个要求真的给我们出了道难题！由于之前工作的疏忽，那些本应该随着工作同步产生的材料，现在却变成了"回忆录"，要靠大家坐在会议室冥思苦想，以唤醒沉睡的记忆。

那个过程真的是挺痛苦的。一方面有领导的压力，作为公司顺利获得资格认证的必要条件之一，这个任务必须无条件完成；另一方面还要面对客户，编出各种理由，以便获得那些迟到的客户签章。说实话，当时大家还是有些抱怨的。既不耽误业务开通和客户的使用，也不影响市场回款，除了给我们增加了些工作量，真的还有什么实实在在价值吗？其实，这些资料的价值很快就体现出来了，再遇到客户要求免费维修故障设备，我们不用凭记忆了，《验收报告》上白纸黑字的日期，既让客户心服口服，也让我们自己更加理直气壮，省却了不少解释的口舌。

对项目活动中的各种数据、信息做及时、准确的记录，是项目管理工作的一个重要组成部分。项目管理又被称为"可视化"的管理思想、管理体系，这里的"可视化"指的就是看得见。看什么呢？看的就是那些详尽、具体的文档、资料。这些过程信息不但可以让工作本身"留痕"，满足项目干系人的需要，更可以为后续的项目工作提供宝贵的参考和借鉴。在一些特定情况下，规范的项目档案文件能够发挥无可替代的关键作用。

我们再看一个正面的例子。某大型输电网项目，工程范围涉及多个省，并有多家建设、管理单位共同参与，不但技术难度大，整体协调监管的困难更是超过以往的工程。项目管理部门专门针对工程档案资料的建立和标准制定了规范和严格的管理制度，以确保内容的完整和准确。在项目工作正式启动前，组织全部相关单位参加档案规范的交底培训。一线工作人员，包括参建单位的项目经理、总工、总监、安全员、质量员，都要参加档案规范交底培训。通过培训，让所有参与档案资料输出的部门、个人都清楚地知道具体的规范标准，从而避免了施工过程中因不符合归档要求造成的返工。另外，在整个项目实施的每个阶段，还要进行认真的过程档案检查。结合具体项目的各个关键节点，再加上最后的竣工投运，严格做到对档案进行阶段检查。通过持续的过程监管，既确保了档案纪录的规范性，也保证了检查档案内容的真实性和完整性，让那种"回忆录"式的编造档案的情况得到杜绝。

完整、规范的档案除了作为永久保存的资料，它的价值在关键时刻更能发挥重大的作用。在2008年初，我国南方大范围遭受雨雪冰冻灾害，很多电力传输铁塔倒塌、变电设备发生故障，造成大范围的供电紧张，严重影响了正常的生产、生活秩序。为了及时抢修线路，恢复供电，急需全部施工图纸、铁塔供货单位等详细信息。这时，工程档案就发挥了关键作用。通过查阅当时的工程资料，完整、可靠的数据、信息被及时发送到一线，确保了灾后重建工作的迅速实施。

如同地质学家能通过地层、地貌读出亿万年前的历史，从翔实的项目档案资料中也可以看清复杂工程的每一根神经。项目文档资料的管理工作，看似平常，而且枯燥且烦琐，但真的是项目实施组织软实力的体现，是项目管理规范水平的体现。只有从根源上做到理解和重视，让文档资料真的能与项目工作的推进同步形成，并做到严谨和正确，才能确保项目全生命周期得到周密的管控，让我们的每一份工作都能得到真实的回报。

【情境回顾】

1. 重视相关专业知识而忽视与项目工作相关的各种文档的及时记录与归档管理，可能会直接威胁到最终成果的顺利移交和项目关闭。

2. 不应该让那些本应随着项目工作同步产生的文档资料变成"回忆录"。

3. 对项目活动中的各种数据、信息做及时、准确的记录，是项目管理工作的一个重要组成部分。一些特定情况下，规范的项目档案文件能够发挥无可替代的关键作用。

4. 项目文档资料的管理工作，是项目实施组织软实力的体现，是项目管理规范水平的体现。

当众演讲，留意细节更精彩

【情境再现】

小何本名何炅，但是他更愿意让别人叫他"小何"，特别是在相对陌生的环境里。如果谁叫他一声"何炅"，保证能招来一大片人的回头，连带着惊讶、好奇的目光！跟名人同名，他感觉给自己带来的只是无奈和尴尬。

小何真的不太喜欢自己这个名字。刚上学的时候，就被老师错看成"何灵"，还把他分到了女生组里，结果被同学们当成笑话，叫了好几年。后来，随着某个电视娱乐类节目的走红，自己的名字和明星"撞了车"，他又无可奈何地成了别人开玩笑的对象。小何的性格本来就偏于内向，再加上也许是小时候被淘气的孩子戏弄留下了些阴影，更是让他添上了在陌生人面前一说话就脸红的毛病！

小何毕业后在一家民营公司就职，负责售前技术方案工作，已经快4年了。随着经验的不断积累，他在工作中出色的表现也引起了领导的注意。上周，领导就主动找到他，问他有没有兴趣做销售项目的项目经理。这对小何来说真的是个机会，同时也是个不小的挑战！

机会自不必说，被提拔总是好事，而且凭自己这几年参与项目工作的经验，技术层面上他还是信心十足的。但问题是，一想到未来需要一天到晚"与人打交道"，小何心里又不禁忐忑起来了。之前的工作岗位以技术性为主，虽然有时需要给客户做些面对面的宣讲，但总是有项目经理在一边"撑腰"，好歹还能应付。如果换成自己做项目经理，那就免不了单独直接与各种客户沟通，到那时我还能流利地表达吗？小何不禁想，要是自己也能像那位明星一样，在台上、在人前，能表现得口若悬河、风趣幽默该多好啊！作为一名合格的项目经理，应该具备和掌握哪些当众演讲表达的技巧呢？

【情境分析】

根据项目管理知识体系的描述，一个合格的项目经理应该拿出75%~90%的精力用于与干系人沟通。在各种沟通形式中，难度最大的可能就要数当众演讲了。无论是向团队成员传递信息，还是向领导、客户汇报工作，或者向资源部门申请支持，都少不了必要的当面宣讲、表达。能在别人、在公众面前清晰、有条理地说出自己的观点，并赢得理解和支持，真的不是一件容易的事。上面情境中，小何就遇到了这个挑战。

当众演讲确实是一种综合能力，这种能力的培养和提升是一个循序渐进的过程。不过只要做到对讲述的内容充分熟悉，同时克服一定的心理障碍，保持足够的勇气，并经过充分的锻炼，绝大多数人都能获得比较理想的效果。另外，如果能够在演讲中关注到一些小细节，并辅以必要的技巧，也将有助于改善演讲的现场效果，提升沟通效率。

第一，演讲中的紧张。很多人对演讲的第一反应就是害怕！甚至有种说法，人类第一害怕的是当众讲话，第二害怕的才是死亡！一些人在站到讲台上后，甚至会出现口干、胃痛、眩晕、胸闷、大脑空白等生理症状。在问及他们究竟怕什么时，得到的答复通常包括：担心自己表现不好、担心听众对自己不满意、对自己的口吃或话语不连贯感到羞耻、一旦有人质疑就会产生"完蛋了"的绝望情绪等。然而事实真的是这样吗？在戴尔·卡内基的一本书《如何停止忧虑，开创人生》中有一句经典的话："你所担心的99%的事情，都不会发生。"导致人们紧张、焦虑的绝大多数原因，实际上都是我们给自己退缩找的借口。

很多著名的演说家也都直言自己同样会紧张，而他们应对紧张最好的方法就是练习，反复地练习，长时间地练习。新东方一位深受学员喜爱的金牌讲师就说过，他每次讲课前，都会精心准备，每次课都会预先对着墙讲10遍，用录音笔录下来反复听，每个知识点都要查阅大量信息，甚至课上的每个段子都要写下文字稿，连停几秒都要提前演练。台上一分钟，台下十年功，有了充分的练习和准备，紧张的感觉自然也就消除了。

第二，演讲中的小动作。很多人站在台上演讲时，总有些不自觉的小动作，比如抖腿、挠脑袋、撩头发、揪衣服角、单手或双手插兜儿、眼睛到处看等。这些不雅观的举止往往是演讲者自己觉察不到的，但在观众的眼中，实在是大煞风景的扣分项！这些行为的产生通常是不自觉的，是演讲者无意识的行为。

有人说，导致这些小动作出现的主要原因就是紧张，特别是不知道手该往哪儿放。确实，如何给自己的双手安排一个既舒适又自然的姿势，很大程度上能缓解紧张的情绪，改善演讲者给人的整体外在印象。这里有个小技巧，如果有讲台的话，人站在讲台后，可以将双手自然地放在讲台上。如果没有讲台，可以双手持话筒，过程中自然地轮流换作单手持握。如果没有话筒，也可以自己在手里拿上一支笔。这支笔要双手拿，平时呈自然下垂状态，双手微微靠拢。如果讲话过程中需要指示图表、白板，就可以自然地把这支笔交到一只手中，当作教鞭挥出去。指示完毕，再次自然地用双手握住这支笔，呈下垂状态。这种姿势既自然，又给人放松的感觉。如果不喜欢拿东西，双手也可以自然下垂，偶尔十指相交放于胸前到小腹之间的位置即可。讲话的过程中还可以自然地慢慢踱步，这也能给人很轻松的印象。著名的TED演讲中，很多人都采用了这个姿势。

第三，演讲中的目光。有些人在演讲过程中不敢看观众，他们的目光不知该落到何处，在别人看来，不是"望天""望地"，就是斜视周围。总之，缺乏与观众的眼神交流，这会极大地影响演讲内容的吸引力和感染力，进而降低沟通的效率。站在台上演讲，眼睛应该看哪里呢？严格说，没有一个固定的位置，因为演讲者的目光要保持持续地扫视，照顾到台下的每一个角落。特别需要强调的是，扫视不是凝视，比较忌讳的是长时间盯着一个人看，这会让被盯着的人很不自在。但是这种扫视又确实是有一定目标的，就是主动寻找人群中的支持者。

有一种说法，多数情况下，观众中都会有20%的天然支持者，同时也会有

20%的天然反对者，剩下60%的观众则会根据演讲者的表现、内容，决定自己的态度。所以演讲者要有意识地主动寻找到那20%的支持者，尽量多地和他们对视，以增强自己的信心。这些人在人群中并不难发现，他们表现出的特征一般包括：精神集中、面带微笑、频频点头。当演讲者的目光碰到这样的表情，要有意识地稍作停顿，主动与他们对视片刻，在获得善意的反馈后，再继续扫视，寻找下一个自己的支持者。

第四，演讲中的"口头语"。不少人说话会带"口头语"，最常见的包括"然后""后来""那个""嗯……"等。这些词语在讲话中并不表达任何有意义的内容，仅仅是语句之间的连接词。如果偶尔使用，既自然，也不伤害话语的连贯性。可是一旦变成了无意识的"口头语"，在讲话中频繁出现，就会极大地损害演讲者的表达形象，甚至让听众产生厌烦的情绪。

虽然"口头语"本身在连贯表达中有一定的积极作用，但是如果不加控制，也会产生很不好的副作用。用什么手段可以替代"口头语"帮助思考、缓解思路压力的作用呢？很简单，就是停下来！当演讲者不知道接下来该说什么的时候，什么都不说是一种最好的帮助思考的方法。也许有人会担心，如果突然不说话了，会不会更尴尬、更紧张？其实这种停顿的时间很短，和一句习惯性的"口头语"所用的时间是一样的，一般都不会超过两秒钟。这种话语的中断对于一般听众来说是很难察觉的，完全不用担心。合理控制语速，有意识地少说、不说"口头语"，代之以短暂的停顿，既可以满足表达过程中大脑思考的需要，也能让自己的话语更加连贯、有条理。

在公开的环境里，通过口头方式清晰、准确地表达自己的观点，是一个优秀项目经理必备的能力与素质。从简单的工作例会，到正式的项目宣讲，项目经理应该有意识地抓住每次公开讲话的机会，通过不断的练习，让自己演讲水平得到切实的提升。

✍ 【情境回顾】

1. 克服紧张情绪最好的办法就是练习，对内容越熟练，讲的时候才能越放松。

2. 尽量避免多余的小动作，比如给自己的手找个舒服的姿势，或者在讲的过程中慢慢踱步。

3. 演讲过程中应扫视全场，主动寻找自己的支持者，不要长时间盯着一个人。

4. 少说"口头语"。如果思路不连贯了，就让话暂停2秒钟，而不要用"口头语"去连接。

追根溯源，复盘工作有学问

　　曲博在M公司负责销售工作，有近6年的一线工作经验。前些年他销售的产品相对简单，技术水平不高，功能也比较单一，所以从前期的客户需求沟通，到后续的技术方案提供，一直到投标、合同签订，基本上自己就都搞定了。

　　随着公司产品技术水平的不断提升，已经从早期的实现单一功能，发展为以核心产品为平台，延伸到多个业务领域的综合解决方案，客户群体也从一些中小规模的企业客户向大型、超大型集团公司转变。今天随便的一单合同，不但金额远远高于从前，所涉及的产品系统的复杂性也与早期大相径庭。这种情况下，销售工作已经不可能再由一个人独自完成了，而是变成了复杂的项目，需要由市场、研发、测试、生产、物流、交付、财务、法务等多个部门相互配合，以团队的方式运作。

　　按公司的管理制度，这种市场销售项目从立项到合同签订属于售前阶段，要由销售部项目经理牵头负责，具体实施阶段再移交给工程部，由交付项目经理接手，并最终完成实施工作。曲博做售前项目经理已经快两年了，经他手的大项目前前后后不下10个。让他感到很纠结的是，尽管这些项目在规模、细节上都或多或少有些不同的特点，但是总在类似的一些环节、阶段遇到相差无几的问题，比如研发承诺的功能延期、技术部门提供的解决方案存在漏洞、公司产能无法满足客户提出的工期要求等，结果每次都要靠他这个项目经理东边烧香、西边磕头，时不时还得搬出公司领导这块金字招牌，才能让项目得到推动。

曲博负责的一个项目刚刚结束，他虽然已经感到精疲力竭了，可还是决定挖挖这些顽疾的根子：究竟是什么原因呢？不是有种说法叫"复盘"吗？这回我也要做做复盘，看看问题到底出在哪里。不过复盘活动具体应该怎么做呢？有什么特别需要注意的问题吗？

【情境分析】

复盘原本是下棋的一个专业术语，指的是虽然棋局输赢已定，但棋手还是要把刚刚对弈的所有步骤再一次在棋盘上走一遍。下棋，特别是围棋，有一种说法：一子落错，满盘皆输。复盘的目的就是发现对局过程中那些导致成败的关键落子，所谓"昏招"，并以事后推演的方式，找出可能的更优的落子位置。虽然不能改变既成事实的输赢结果，却能通过复盘让自己的棋艺水平得到提升，在未来的棋局中避免出现相同或相似的失误。

借用这个跨界的术语，项目管理活动也需要复盘，正式的复盘活动往往发生在某个重要的项目阶段结束或整体项目成果全部完成之后。在一些人的认知里，既然阶段工作或整体工作都已经结束了，接下来最重要的事情就是赶紧进入下一个项目阶段，或从当前项目中彻底抽出精力，要么稍作喘息，要么继续投入另一个项目的工作中去。于是，复盘往往成了最容易被轻视，甚至被忽略的项目活动！复盘工作应该怎样规范地开展呢？

首先要从认知上重视复盘。复盘的目的并不是简单地将已经完成的工作再回顾一遍，找到所谓的亮点和不足，然后写个总结就万事大吉。复盘更不是闲聊，三言两语就可以得出结果。那种随便找个会议室、项目相关人员随意围坐，说一些不疼不痒的问题，然后散会走人的复盘，除了浪费时间，也许没有更多别的作用了。

对于项目管理而言，复盘工作也是一项不可或缺的重要活动。通过有效的复盘，不但可以发现项目中存在的问题，并让问题得到全面分析评估，还能够找到导致问题发生的根本原因，并推演出有效的解决方案。只有这样，才能有效减轻，甚至消除那些相同、相似的问题在接下来的项目或项目阶段中再次给工作造成不利的影响。

对复盘工作有了正确的理解和认识，接下来还要正确地组织和开展复盘活动。选择适当的人员参与复盘工作，很大程度上决定了最终目标是否能够顺利达成。谁应该参与复盘呢？项目经理、完成具体工作的团队成员、重要的干系人，都应该参加。为了确保复盘工作顺利进行，还需要满足必要的环境条件。最好是独立、封闭的房间，确保在复盘过程中不受打扰，包括不受手机、电脑的影响。由于复盘过程中会涉及曾经发生过的项目活动，包括一些非常具体的细节，所以必须确保那些参与、特别是亲自执行相关任务的人参加分析、评估工作。因为全过程需要互动、讨论，为了保证效果，复盘的人数最好能有所控制，人太多了容易发散、跑题，占用时间也会过长；而人数如果太少，也很难从有限的信息中挖掘出更多有价值的内容，影响复盘效果。原则上每次复盘活动最好将人数控制在10人以内，且不要少于5人。如果符合要求的人数确实不满足这个适当的范围，也可以通过分阶段、分人群来完成复盘工作。

复盘活动全程都必须要有主持人。为了让复盘过程中的互动、讨论有序开展，主持人应该具备一定的权力、职务，以便能及时、高效地控制现场，并能解决复盘过程中可能出现的冲突、争议。通常情况下，项目经理是主持人的不二人选。作为复盘活动的主持人，要做流程的权威，他们最应该说的话包括：

"让我们开始吧。"

"其他人对这个问题还有什么看法吗？"

"到这一步是不是就是最后的结论？"

"从另外的角度来看，这个问题会怎样？"

"让我们进入下一个问题吧。"

"再深入思考一下，会是什么结论？"

"还有什么要总结的吗？"

主持人不要介入正在讨论的话题，急于给出自己对问题的看法、态度，更不要做观点的权威。他们不应该说的话包括：

"我不同意你的看法！"

"你这种想法太偏激了，这是不对的。"

"我觉得最主要的原因是……"

"你说得没错，跟我想的一样！"

"这个话题不太合适，换一个吧！"

"不用再争了，这个问题我最清楚，××说的是对的！"

"这件事我拍板了！"

有了符合要求的主持人引导和控制，有成效的复盘活动还需要有问题的提出者和问题的解答者。一般来说，对参与者而言这两个角色是相对的：当前问题的提出者也许就是下一个问题的解答者。很多人对项目复盘有抵触，就是担心会被"翻旧账"，会被"追究责任"，把复盘当作了"批斗会"。复盘过程中确实要涉及那些已经成为过去时的疏忽、错误，但是在提出和讨论项目中那些曾经发生过的各种问题时，最关键的原则是对事不对人。要时刻牢记复盘的根本目的：发现问题、解决问题，把经验转化为能力，以便让自己更快地成长。

无论是提问还是回答，都要做到心平气和，实事求是。解答者叙述问题时只讲具体过程，问题提出者在提问时只能用疑问句而不是反问句，比如，可以是"当时客户提出的需求为什么没有及时反馈到研发部门呢？"而不应该是"你不知道客户需求晚3天才反馈会给研发部门造成多大压力吗？"另外，在互动中也不要为了给对方所谓"台阶"，而主动替对方给出开脱的理由，比如，"当时客户提出的需求为什么没有及时反馈到研发部门呢？是不是因为你当时手头工作太多，一时没顾上吧？"或者"当时客户提出的需求为什么没有及时反馈到研发部门呢？其实我知道这也不赖你，按流程客户就应该直接和研发部门联系，而不是让你从中传话。"

通过不断地回顾问题，不断地探究原因，经过深入反思，找到可能的最佳解决、应对办法，在主持人的有序引导下，随着复盘工作的逐步深入，从个人到团队的能力都能够得到有效的提升。最后，还不要忘记将复盘的最终成果：那些得到优化的问题解决方案正式记录、归档，以便为后续的项目阶段或新项目工作提供有价值的参考和借鉴。

复盘不同于简单地总结，总结只能告诉你这件事哪里做得好哪里做得不好；

而复盘则是对这些做得好的和做得不好的进行探索，为什么这里做得好？为什么那里做得不好？还有没有更加好的方法？以后应该怎么做？通过分析和对问题的解答，找出根本原因及背后的规律和逻辑。请认真做好每一次的复盘工作，因为对于项目管理工作者来说，没有什么比提高自己的项目管理水平更重要的事。

【情境回顾】

1. 通过有效的复盘，不但可以发现项目中存在的问题，并让问题得到全面分析评估，还能够找到导致问题发生的根本原因，并推演出有效的解决方案。
2. 复盘工作要有适当的人参与，特别是那些具体工作的亲历者。合理的人群规模有利于复盘工作的有效开展。
3. 复盘工作全程要有主持人，主持人要做流程的权威而不是观点的权威。
4. 复盘中要对事不对人，无论是提问还是回答，都要做到心平气和、实事求是。解答者叙述问题时只讲具体过程，问题提出者在提问时只能用疑问句而不是反问句。

项目管理精品图书

序 号	书 名	书 号	定 价
1	吾心所向——我亲历的PMRC三十年	978-7-5198-6109-4	99.00元
2	新能源电力建设项目选址、投资、风险决策研究	978-7-5198-5338-9	118.00元
3	青少年项目奇遇系列：终极树屋项目、可怕的鬼屋项目、妙趣横生的科技节项目、情人节灾难项目、复活节霸王转型项目	978-7-5198-5877-3	258.00元（全5册）
4	张成功项目管理记（第3版）	978-7-5198-5703-5	68.00元
5	政府投资光伏扶贫项目区域优选方法及其规划模型研究	978-7-5198-5337-2	78.00元
6	组织项目管理能力基准：组织项目管理能力开发指南	978-7-5198-3374-9	68.00元
7	国际工程前沿问题初论	978-7-5198-5977-0	68.00元
8	政企合作（PPP）：王守清核心观点（2017—2020）	978-7-5198-5221-4	198.00元（全2册）
9	双赢：提升项目管理者的职业高度与情商	978-7-5198-5245-0	86.00元
10	高效通过PgMP®考试	978-7-5198-5162-0	88.00元
11	项目管理：创造源来的价值	978-7-5198-5044-9	88.00元
12	虚拟团队领导力	978-7-5198-4900-9	88.00元
13	白话国际工程项目管理	978-7-5198-4568-1	78.00元
14	项目经理枕边书	978-7-5198-4849-1	45.00元
15	跨国项目管理	978-7-5198-4735-7	78.00元
16	创业项目管理	978-7-5198-4734-0	78.00元
17	PMP®考试口袋书	978-7-5198-4139-3	78.00元
18	工程总承包管理理论与实务	978-7-5198-4419-6	108.00元
19	工程咨询企业项目管理办公室（PMO）理论与实践	978-7-5198-4418-9	88.00元

序 号	书 名	书 号	定 价
20	项目管理方法论（第3版）	978-7-5198-4580-3	78.00元
21	看四大名著学项目管理	978-7-5123-7958-9	48.00元
22	观千剑而后识器：项目管理情景案例	978-7-5198-4546-9	58.00元
23	大数据时代政府投资建设项目决策方法	978-7-5198-2535-5	58.00元
24	高老师带你做模拟题：轻松通过PMP®考试	978-7-5198-2649-9	68.00元
25	PPP项目绩效评价理论与实践	978-7-5198-2970-4	68.00元
26	全过程工程咨询理论与实施指南	978-7-5198-2918-6	108.00元
27	企业项目化管理理论与实践	978-7-5198-2936-0	98.00元
28	工程咨询企业信息化管理实务	978-7-5198-2935-3	98.00元
29	岗位管理与人岗匹配（第2版）	978-7-5198-2973-5	68.00元
30	非经营性政府投资项目究责方法与机制	978-7-5198-2536-2	58.00元
31	卓尔不群：成为王牌项目经理的28项软技能	978-7-5198-0871-6	48.00元
32	汪博士析辨PMP®易混术语（第2版）	978-7-5198-3027-4	68.00元
33	个人项目管理能力基准：项目管理、项目集群管理和项目组合管理（第4版）	978-7-5198-3141-7	78.00元
34	政府和社会资本合作（PPP）项目绩效评价实施指南	978-7-5198-3301-5	88.00元
35	不懂心理学怎么管项目	978-7-5198-3467-8	58.00元
36	PMO不败法则：100个完美收工技巧	978-7-5198-3690-0	45.00元
37	项目控制知识与实践指南	978-7-5198-3536-1	198.00元
38	视线变远见——系统思考直击项目管理痛点	978-7-5198-3767-9	68.00元
39	顺利通过PMP®考试全程指南（第3版）	978-7-5198-3697-9	98.00元
40	谁说菜鸟不能成为项目经理	978-7-5198-3931-4	78.00元
41	电子商务项目管理	978-7-5198-2688-8	68.00元
42	涛似连山喷雪来——薛涛解析中国式环保PPP（第2版）	978-7-5198-6078-3	98.00元
43	技法：提升绩效与改进过程	978-7-5198-2514-0	68.00元

序　号	书　名	书　号	定　价
44	管法：从硬功夫到软实力	978-7-5198-2513-3	68.00元
45	心法：顶级项目经理的修炼之路	978-7-5198-2506-5	68.00元
46	区间型多属性群决策方法及应用	978-7-5198-2537-9	58.00元
47	项目管理知识体系指南（PMBOK®指南）：建设工程分册	978-7-5198-2383-2	98.00元
48	高效通过PMI-ACP考试（第2版）	978-7-5198-2099-2	68.00元
49	论中国PPP发展生态环境	978-7-5198-2166-1	78.00元
50	太极逻辑：项目治理中的中国智慧	978-7-5198-2061-9	58.00元
51	项目治理风险的网络动力分析	978-7-5198-2055-8	68.00元
52	PMP®备考指南（第2版）	978-7-5198-2109-8	68.00元
53	政府和社会资本合作（PPP）参考指南（第3版）	978-7-5198-2045-9	88.00元
54	项目管理办公室（PMO）实践指南	978-7-5198-2034-3	45.00元
55	高效通过PMP®考试（第2版）	978-7-5198-1859-3	98.00元
56	高老师带你划重点：轻松通过PMP®考试	978-7-5198-1860-9	69.00元
57	高效通过NPDP认证考试	978-7-5198-1095-5	78.00元
58	PMI-PBA考前模拟题库及详解	978-7-5198-0944-7	68.00元
59	八堂极简项目管理课	978-7-5198-0411-4	58.00元
60	创新项目管理	978-7-5198-0825-9	98.00元
61	项目治理：实现可控的创新	978-7-5198-0826-6	68.00元
62	成功的采购项目管理	978-7-5198-0318-6	48.00元
63	项目成本管理（第2版）	978-7-5198-0192-2	68.00元
64	需求管理实践指南	978-7-5123-9912-9	48.00元
65	进度管控数字化应用教程	978-7-5198-6061-5	68.00元